부모 심리 카운슬링

엄마의 빈틈이 아이를 키운다

푸른숲

엄마의 빈틈이
아이를 키운다

모든 사람이 좋은 부모가 되기를 바란다. 동시에 '난 좋은 부모가 아닐 것'이라며 불안해한다. 최선을 다해 노력하지만, 언제나 미흡하거나 잘못한 점이 발견되기 때문이다. 다음에는 더 잘하기 위해 치열하게 고민하고, 정보를 찾으려 하니 지치고 힘들다. 남들 하는 만큼만 하는 것도 보통 일이 아니다. 내가 문제일까, 아이가 문제일까? 고민이 많아지고 아는 게 늘어날수록 불안은 커져간다.

최고의 부모가 되겠다며 각고의 노력을 기울이다가 모두 지쳐버리는 것이 오늘날의 모습이다. 이제 생각의 전환이 필요하다. 심사숙고한다고 최선의 선택을 하는 것은 아니다. 현대사회는 복잡하게 얽혀 있고 매우 빨리 변화하고 있어서 지금의 정보가 나중에도 옳으리라고 보장할 수 없기 때문이다. 정보로 과거를 설명할 순 있지만 미래를 예측하는 데에는 한계가 있다. 그러므로 지금 필요한 것은 많은 정보가 아니라 매일 어떤 선택을 할 것인가 하는 마음의 태도다.

이 생각은 사실 나 자신의 고민에서 시작되었다. 내 아이가 십대에 접어들면서 수많은 고민과 선택의 순간에 맞닥뜨렸다. 전문가로서 남의 아이들에게는 많은 조언을 했지만, 내 아이의 문제 앞에서는 쉽지 않았다. 깊게 고민하고 책도 찾아보았지만 그럴수록 미궁에 빠졌다. 책을 많이 읽고 다른 사람의 사례를 참고해도, 내 아이의 일이 되면 완전히 새로운 문제였다. 결론은 '완벽한 준비는 없다. 지금 이 시점에서 내린 선택이 최선이라 생각하고, 아이를 믿자'였다. 지식을 많이 아는 것보다, 부모의 열린 마음과 태도가 더욱 중요했다.

이 책의 많은 부분에는 우리 가족의 경험과 내가 상담한 십대 아이, 그리고 부모들의 이야기가 녹아 있다. 글쓰기는 지금 자신이 가장 관심과 흥미를 가지고 있는 지점에서 시작된다고 믿는다. 그래서 10년 전, 아이들이 아주 어렸을 때《전래동화 속의 비밀코드》라는 책을 냈다. 아이들이 잠자리에 들 때 동화를 읽어주며 겪은 일들,

동화를 통해 아이들이 성장하는 과정을 관찰한 것들을 글로 쓴 것이다. 아이들이 십대가 되고, 내 진료실을 찾는 십대들 또한 늘어나면서 두 번째 문이 열렸다. 내 관심사가 십대와 부모의 관계로 쏠리고 있을 때, 마침 네이버 캐스트에 '부모를 위한 심리학'이란 주제로 연재를 시작했다. 연재를 하는 동안 네티즌들의 열띤 반응을 느낄 수 있었는데, 많은 댓글 중에서도 "우리 엄마가 봐야 해요"라는 십대들의 댓글이 내 눈길을 끌었다. 부모만큼이나 아이들도 부모를 이해하고, 자신의 마음을 이해받고 싶어 한다는 것을 알 수 있었다.

이런 부분들을 수용해 연재했던 글을 바탕으로 《엄마의 빈틈이 아이를 키운다》를 엮었다. 1부에서는 부모 되기가 힘든 이유를 다룬다. 좋은 부모란 어떤 부모인지 근본적인 고민을 하자는 것이다. 아이와 함께 뛰는 선수인가, 작전을 짜는 감독인가, 판단을 내리는 심판인가, 아니면 관중 혹은 응원단인가? 지금 당신은 아이에게 어떤 엄마인가? 2부는 부모와 아이의 관계를 개선하는 방법을 제시한다. 아이가 십대에 들어서면 부모는 무엇을 해주려는 노력이 아니라, 무엇을 하지 말아야 할지 고민하고 아이의 자율성을 존중하려는 각고의 억제력이 필요하다. 3부는 십대의 심리를 이해하는 내용이다. 사춘기에 접어들어 여러 가지 신체 변화를 경험하면서 덩치는 커지지만 마음은 여전히 미숙한 아이들을 이해하는 것이 우선할 일이다. 4부는 아이와 부모가 처한 환경의 문제다. 아무리 아이가 열심히 하고 부모가 지원을 아끼지 않는다 해도, 사회 환경으로부터 자유로울 수는 없다. 스마트폰과 게임에 몰두하는 아이를 이해하고 갈등을 해결하는 방법, 최선을 다하지만 여전히 힘든 이유에 대해 생각을 나누고자 한다.

나를 찾아오는 엄마들은 대부분 빈틈없고 야무진 엄마, 아내가 되고 싶다고 말한다. 그러나 삶에는 빈틈이 필요하다. 빈틈이 있어야 숨통이 트인다. 빈틈이 있다는 말은 한편으로는 웬만한 공간은 다 채워졌다는 뜻이 아닐까? 살짝 빈틈이 있어야 인간다운 법이다. 빈틈이 있어야 삶의 방식을 재배치할 여유가 생긴다. 이 책을 통해 빈틈이 있어야 하는 이유, 그리고 그 빈틈을 살짝 비틀어 자리를 조정하는 것만으로도 충분히 상황이 개선될 수 있다는 점을 발견하길 바란다. 나는 가족 구성원 모두가 각자 뭔가에 몰입하며 삶을 즐겁게 살 때 최고의 팀워크가 발휘된다고 믿는다. 너무 고민하지 말자. 아이에게 가장 좋은 롤모델은 재미있게 사는 부모의 모습이다. 자기 인생이 재미있어지면 아이에 대한 고민은 줄어들고, 빈틈 중에서도 '엄마로서의 빈틈'은 상대적으로 적어진다. 내 인생이 재미있으면 그걸로 충분하다는 마음을 가져보자. 이 책이 그런 변화를 가져오는 작은 디딤돌이 되기를 바란다.

실패 없는 발전은 없다. 자질구레한 시행착오를 거치면서 아이는 큰다. 실수도 양육의 일부다. 일상의 빈틈과 실패는 나중에 보면 큰 흐름을 거스르지 않는 소소한 것들이다. 그러니 실수를 두려워하기보다 무엇을 깨달을지에 집중하자. 그런 것들이 쌓이면서 부모도 아이와 함께 성장하고, 진정한 어른으로 거듭난다. 엄마로서 가진 빈틈을 통해 삶의 작은 실수들을 흉터가 아닌 자양분으로 삼는 계기가 삼길 바란다.

《엄마의 빈틈이 아이를 키운다》를 쓰는 데 큰 도움을 준 이들이 있다. 딸 정민이와 아들 정원이, 그리고 아내다. 이 책은 우리 가족이 겪은 수많은 사건사고, 그리고 거기서 파생된 생각들로부터 나온 것이다. 그들에게 감사를 전한다.

차례

에필로그_ 괜찮다, 다 잘하고 있다

빈틈은
독립이다

아이 미래를 생각하면
그냥 다 불안해요

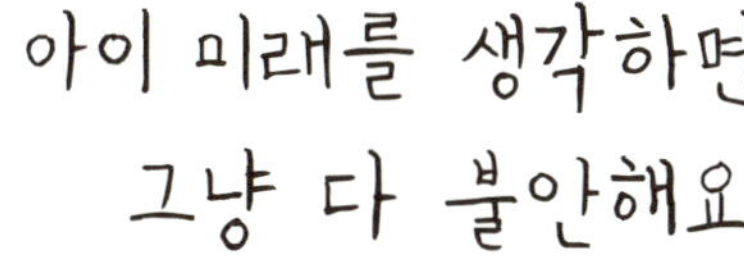

+++

방향이 다를 뿐 아이도 불안하다

"엄마, 나 친구랑 영화 보러 가."

"그래? 영화관까지 먼데, 혼자 가게? 엄마가 태워줄게."

"괜찮아. 지하철 타고 가면 돼. 영화관 입구에서 친구 만나기로 했거든. 영화 끝나고 밥 먹고 쇼핑하다 올 거야."

"안 돼, 사람 많은 데는 복잡하고, 이상한 사람들도 얼마나 많은데. 엄마가 데려다주고 근처에서 기다릴게. 친구랑 놀다가 전화해."

"싫은데……."

친구들과 함께 영화관에 가보고 싶었던 주은이는, 엄마가 데려다

준다는 말이 하나도 반갑지 않다. 오히려 친구들에게 말하기 부끄럽다. 친구들은 모두 혼자서 쇼핑몰이나 영화관에 가는데, 자신만 어린 아이 취급을 받는 것 같다.

그러나 엄마 입장은 다르다. 이제 겨우 중학생이 된 주은이가 혼자 영화관에 가는 게 영 불안하다. 아직 혼자서 멀리 가본 적이 없기 때문이다. 생각해보면 자신도 중학생 때부터는 혼자 버스를 타고 시내에 나가거나 친구와 여기저기 돌아다녔던 것 같다. 하지만 그때와 지금은 세상이 다르다. 요즘은 세상이 워낙 험악하고, 뉴스를 봐도 흉흉한 사건뿐이다. 게다가 여자아이라 무슨 봉변을 당할지도 모르니, 안심할 수 없다. 주은이는 제발 내버려두라고 하지만, 엄마 눈에는 아직 한참 어리게만 보인다. 엄마의 불안, 정말 지나친 걸까?

"이 아이가 정말 내 아이가 맞나요?"

아이가 자식의 도리를 다하는 시점은 7세까지라는 말이 있다. 7세까지는 말도 잘 듣고 마냥 예쁘지만 그 시기가 지나면 아이를 볼 때마다 기쁜 일보다 걱정스럽고 불안해지는 일이 더 많기 때문이다. 특히 고집을 부리면서 말을 듣지 않을 때 아이를 어떻게 다뤄야 할지 모르겠다고 하소연하는 엄마들이 많다. 아이가 자랄수록 아이 스스로 판단하고 행동할 수 있게 덜 관여하고 묵묵히 지켜보아야 한다는 것을, 엄마들도 머리로는 알고 있다. 하지만 아이가 잘못되면 어쩌나 하는 불안감이 커지다 보니 머리로 아는 것을 가슴을 받아들이기 힘들고, 결국 자기 식으로 키운다. 문제는, 아이가 초등학교 저학년 때까지는 부모 말을 대부분 따르지만 십대에 접어들면서 전과 같지 않은 반응을 보인다는 것이다. 혼자 골똘히 생각에 잠기는 시간도 늘고 얼굴 표정 또한 복잡해지면서 슬슬 자기주장을 하기 시작한다.

특히 "싫어", "몰라, 짜증나" 같은 말을 해도 예전 같으면 "어디서 말대꾸야!" 하며 단번에 제재할 수 있었지만, 덩치가 커진 아이가 화를 내면서 똑바로 쳐다보면 순간 움찔하게 된다. 아이의 눈빛에서 말로 표현하기 힘든 살기 비슷한 것을 감지하는 경우가 많기 때문이다. 그래서인지 십대 아이들의 양육 문제로 고민을 토로하는 엄마들이 자주 하는 말도 "아이가 무섭다"는 것이다. 마냥 귀엽기만 하던 아이가 어느 순간 무섭고 낯설게 느껴지면서, '이 아이가 10년 넘게 키워온 내 아이가 맞나' 싶은 허탈하고 먹먹한 감정에 사로잡힌다는 것이다.

그런데, 아이는 그 자리에 있을 뿐이다. 아이는 자기가 가야 할 길을 가고 있다. 그저 허물을 벗으면서 한 단계 한 단계 성장하고 있을 뿐인데, 변화하는 모습이 낯설게 느껴지니 부모 입장에서는 무섭고 불안한 것이다. 그렇다면 어떻게 해야 할까?

정체성 찾기 여행을 시작하다

먼저 부모가 느끼는 불안의 정체를 살펴보자. 불안이란 '명확하지 않은 상황에 대해 느끼는 불쾌한 긴장감'이다. 이 긴장감의 정체를 파악하려면 지금 아이의 마음 안에서 무슨 일이 벌어지고 있는지 먼저 이해해야 한다. 그래야 불안의 본질을 파악하고 다룰 수 있으며 아이와의 갈등 또한 줄어들 수 있다. 이런 과정을 통해 부모 또한 더 성숙한 어른으로 자란다.

정신분석의 창시자 지그문트 프로이트(Sigmund Freud)나 인간은 성인이 되어서도 계속 성장한다고 주장한 사회심리 발달이론가인 에릭 에릭슨(Erik Homburger Erikson) 등이 공통적으로 말하는 청소년기의 심리발달 과제는 '정체성의 형성'이다. 정체성(identity)이란 '나는 지금 어디에 있으며, 어디로 갈 것인가'에 대답할 수 있는 능력을 의미한다. 가슴에 손을 얹고 솔직히 고백하면, 어른들 중에도 이 질문에 답할 수 있는 사람은 그리 많지 않다. 그만큼 어려운 숙제가 아이의 머릿속에 갑자기 던져지는 것이다. 그때부터 아이는 '나만의 나'가 되기 위한 노력을 시작한다. 그 과정을 마거릿 말러(Margaret Mahler)는 '2차 분리-개별화 과정(separation-individuation process)'이라고 했다. 분리-개별화 과정이란 아이가 태어나서 만 3세가 될 때까지 나타나는 발달과정 이론이다. 아이가 태어나면 몸은 엄마와 분리됐지만 마음으로는 여전히 엄마와 한 존재라고 느끼는 공생기가 시작된다. 이 시기를 벗어나면서 아이는 조금씩 앉고, 기고, 걸으며, 탐색을 통해 서서히 엄마 품을 벗어나기 시작한다. 그래도 아직 엄마의 존재가 마음속에 제대로 뿌리내리지 않았기 때문에 혼자 놀다가도 문득 엄마의 존재를 확인해야 안심한다. 그러다가 만 2세에서 3세 정도가 되면 아이의 두뇌에 '대상항상성'이라는 기능이 형성되어, 엄마의 이미지가 마음 안에 제대로 자리하고 있기 때문에 엄마가 보이지 않아도 겁을 내거나 무서워하지 않는다. 엄마와 분리되어 있어도 안전하고 안정적인 상태를 유지할 수 있는 것이다. 이 시기에 아이의 마음속에는 부모가 알려주는 삶의 가치가 가장 중요한 부분으로 자리 잡는다. 예를 들어 '친구를 때리지 마라', '어른들에게 인사를 잘하고 존댓말을 써라' 같은 것들이다.

이때부터 아이는 별다른 거부감 없이 부모와 유치원, 학교와 사회가 가르치는 방식과 기준을 습득하면서 성장한다. 여기까지가 인생의 1막이다. 그리고 십대가 되면서 인생 2막에 진입한다. 정체성을 찾아야 하는 시기가 도래하는 것이다. 이때부터 2차 분리-개별화 과정이 시작된다. '부모와 동일한 나'가 아닌 '나만의 나'가 되기 위해 지금까지 부모와 사회가 알려주던 기준이 아닌 '나만의 새로운 기준'을 만들어내야 한다. 그 첫 번째 과정이 과거를 부정하는 것이다. 이전까지는 별다른 고민 없이 받아들이고 수용했던 기준과 가치가 사실은 기성세대가 심어준 것이었고, 자신은 지금까지 부모의 꼭두각시로 살아왔다고 생각하게 된다. 지금까지 해오던 방식은 내 것이 아니니, 이제 나만의 방식을 찾고 싶어진다.

그래서 반항을 시작한다. 그저 이유 없이, 무턱대고 반항하는 것이 아니다. 내 방식을 만들기 위해서는 일단 기존의 것을 부정하고, 파괴하고, 재평가해야 하기 때문이다. 그러다 보니 지극히 당연하고 빤한 것조차 일단 부정하겠다는 사명감에 사로잡힌다. 우리나라가 일본으로부터 독립한 후 일제 때 도입한 모든 시스템과 제도를 재평가했듯이 말이다. 일제 강점기에 일본이 한 일 대부분은 우리나라를 지배하고 억압하기 위한 것들이었지만, 철도와 우편제도, 지적도처럼 일본에 의해 근대화된 부분도 분명히 있었다. 하지만 이성적이고 합리적인 관점에서 생각하면 옳은 일도 왠지 마음속으로는 부정하고 싶어지는 것처럼, 일단은 전면 부정을 통해 판을 뒤엎은 다음 온

엄마의 빈틈이 아이를 키운다

전히 내 그림을 그리고 싶은 것이 인간의 보편적인 심리다. 사장이 바뀌면 전임 사장 밑에 있던 임원들이 일괄 사표를 내는 과정을 거치는 것도 같은 맥락이다.

그러다 보니 아이들은 심한 경우, '하늘은 파랗다'라는 명제에도 "아니야. 하늘이 늘 파랗진 않아"라는 말도 안 되는 주장을 한다. 하지만 이것은 앞에서도 설명했듯 부모가 미워서가 아니라, 내 방식을 만들기 위해 서툴지만 나름은 진지하게 모든 것을 부정, 부인하려는 일종의 시도인 셈이다.

당연히 부모는 답답해 죽을 지경이다. "몰라"와 "싫어"로 일관하는 아이, 이성적으로는 도저히 이해가 안 되고 말도 통하지 않는 아이를 보며 하루에도 몇 번씩 망연자실해진다. 그런데 아이 입장에서는 엄마가 너무 옳은 말을 해도 순간 당황한다. 엄마가 하는 말을 부정해야 하는데, 너무 정확하고 바른 답만 말하니 어떻게 부정해야 할지 모르는 것이다. 엄마의 말을 따르자니 예전처럼 엄마의 품 안에만 머무르는 '나약한 존재'가 되는 것 같다. 그래서 틀린 답이라는 것을 알면서도 일단 엉뚱한 답을 주장하며 '이게 맞아', '나는 이게 좋아'라고 자기주장을 하는 것이다.

이 시기의 아이들에게는 무엇이 옳고 그른가보다 부모의 방식과 기준과 울타리에서 벗어나 자신만의 온전한 세상을 확립하는 것이 더 시급하고 중요한 일이다. 그런데 부모가 아이의 이러한 특징을 이해하지 못하니 끊임없이 싸울 수밖에 없고, 많은 아이들이 부모와 다투고 그릇된 선택을 고집하다 다치기도 한다.

하지만 이런 과정은 불가피하다. 이 과정을 아프게 거쳐야 아이는 부모가 준 것이 무엇이고, 그 중에서 내 것으로 남겨둘 것은 무엇이며 버릴 것은 무엇인지 스스로 결정, 선택할 수 있다. 이 과정을 거치면서 아이는 자기 마음이 부모의 것이 아닌 온전한 자신의 것이라는 믿음을 갖게 되고, 이런 믿음은 '자기 확신'과 '자존감'의 탄탄한 밑바탕이 된다. 건강한 자존감과 단단한 자기 확신이 있는 아이야말로 건강한 성인으로 성장해, 부모에게 의존하지 않고 자신이 원하는 것을 스스로 선택하고 판단하고 책임질 수 있다.

180도 방향이 다른 불안

어느새 자란 아이들이 느닷없이 청개구리 행보를 보이면 부모는 불안해질 수밖에 없다. 아이는 어떻게든 부모의 울타리를 벗어나려고 막무가내로 떼를 쓴다. 물론 전에도 기회를 노리며 부모의 감시망을 벗어나려 하지만, 십대가 되면 그 노력이 한층 격해져서 어떤 경우에는 처절하다 싶을 때도 있다. 이때 느끼는 불안은 이전과는 질적으로 다르다. 소위 '멘붕'이 오는 것이다. 왜일까? 아이가 벗어나려 하는 방향이 부모가 경험했던 방향과 180도 다르기 때문이다.

180도 방향이 다른 불안이 있다고? 그렇다. 방향이 완전히 정반대인 불안이 있다. 부모는 지금까지 살아오면서 주로 외부의 것을 내 것으로 만들기 위해 내 편으로 '끌어당기는' 노력을 해왔다. 공부를 하는 것도, 사람들과 친분을 쌓는 것도, 일에서 성취감을 얻는 것도 모두 따지고 보면 외부에 있는 것들을 자신의 내부로 끌어당기는 과정이다. 내가 좋아하는 사람이 나와 가까워지지 않으면 불안했고, 일을 하면서도 원하는 성과를 내지 못하면 불안했다. 외부의 것을 내 것으로 만들지 못했기 때문이다. 그리고 일단 내 것이 되면 내 편에서 먼저 놓아주지 않는 한 계속 그 상태를 유지하면서 안정감을 느낄 수 있었다.

그런데 부모가 경험하는 불안은 지금까지와는 방향이 다르다. 아이는 적극적으로 부모의 품을 '벗어나려고' 한다. 부모가 정해준 기준을 무조건 거부하고, 이질감을 느끼며, 자신만의 새로운 기준을 만들기 위해 예전과 달리 강력한 태클을 걸면서 일단 부모의 울타리 밖으로 나가는 것을 첫 번째 목표로 삼는다. 울타리 밖에 무엇이 있는지는 아이들에게 중요하지 않다. 살면서 줄곧 뭔가를 내 것으로 만들기 위해 노력한 부모 입장에서는, 자신의 품을 벗어나려는 아이가 당혹스러울 수밖에 없다.

부모 되기란 '끊임없이 놓아주기'라고 생각한다. 부모 되기가 어려운 이유도 여기에 있다. 과거에는 외부의 것을 내 것으로 만들지 못하면 불안했다. 하지만 이제는 정반대의 상황을 지켜보고 있어야 한다.

문제는 이런 상황을 과거에는 별로 겪어보지 못했다는 것이다. 내 안에 있던 것이 밖으로 달아나려 하는 경험은 대부분의 사람들에게 익숙하지 않은 일이다. 그렇기 때문에 부모가 사회생활이나 인간관계를 통해 경험했던 갈등의 크기와 아이의 반항의 크기를 객관적으로 비교하면, 후자가 횟수나 빈도는 적지만 훨씬 아프게 느껴질 수밖에 없다. 오랜만에 운동을 하거나 평소 사용하지 않던 신체 부위를 움직이면 심한 통증을 느끼듯 말이다. 이제 막 자기 정체성을 찾아 나서는 아이를 지켜보는 일은 부모가 겪는 새로운 고통이다. 그러니 이 불안은 다른 불안에 비해 더 아프고 힘들 수밖에 없다.

특히 우리나라 부모들이 이 과정을 유독 힘들어하는 경우가 많다. 서양의 부모들이 아이를 처음부터 독립된 존재로 인식하는 것과 달리, 우리나라 부모들은 아이를 나의 일부, 즉 자신의 '확장판'으로 인식하는 경향이 강하기 때문이다. 그러다 보니 일부 부모들 중에는 아이에게 느끼는 불안의 정도가 거의 생존을 위협받는 수준과 맞먹을 정도로 극심한 경우도 있다. 십대 아이를 둔 부모들은 그래서 매번 쉽게 가슴이 철렁하고, 불안하고, 긴장을 풀기 어렵다. 그 불안은 아무리 시간이 지나도 쉽게 사라지지 않는다.

그동안 느꼈던 불안이 이토록 새로운 방향성을 갖고 있다는 것을, 이제 이해하자. 그리고 이 불안은 아이가 한 사람의 성인으로 성장하면서 자기 존재를 확립하는 데 반드시 필요한, 불가피한 불안이라는 점을 받아들여야 한다. 아이와 부모가 이 과정을 함께 잘 겪으면서 성장해 나간다면 아이는 점차 심리적 안정감을 되찾으면서 자신만의 정체성을 확립해 나갈 수 있을 것이다. 부모 또한 아이가 자신으로부터 떨어져 나갈 때 느끼는 불안을 견디는 힘이 조금씩 강해지고 익숙해질 것이다. 아이와 부모의 성향에 따라 기간이나 강도는 조금씩 차이를 보이겠지만, 이러한 과정을 통해 부모들 또한 진정으로 성숙한 성인으로 한 단계 더 성장할 수 있다. 아이를 키우면서 부모도 함께 큰다는 말은, 여기서 비롯되는 것이다.

애가 아니라 괴물 같아요

+++

부정적인 감정은 아래로 흐른다

'후다닥!'

지친 몸을 이끌고 퇴근한 영미 씨. 할 일이 남아 있지만 다음 주가 윤상이의 시험 기간이라 저녁이라도 제대로 차려주고 싶은 마음에 바삐 퇴근했다. 그런데 현관 앞에서 비밀번호를 누르는데, 안에서 급히 뛰는 소리가 들려왔다. 현관문을 열어보니 윤상이가 서둘러 방문을 닫는 것이 보였다.

"엄마, 왔어?"

방으로 들어서는 엄마에게 인사를 건네는 윤상이의 표정과 자세가 뭔가 어색해 보였다. 순간 낌새를 알아차린 영미 씨가 거실로 가서 텔레비전 위에 손을 대보았다. 온기가 느껴졌다.

"너, 당장 나와!"

"아니, 그게 아니라 공부하다가 잠깐 쉬려고…… 야구 결과가 궁금해서 잠깐만 보려고 그런 건데……."

영미 씨는 윤상이의 말에 아랑곳하지 않고 텔레비전을 켰다. 영화 채널에서 한창 액션 영화가 방영되고 있었다.

"너, 엄마가 죽으면 속이 시원하겠니? 너 때문에 죽으면 그때 정신 차릴래?"

영미 씨는 윤상이의 등짝을 때리며 소리를 지르기 시작했다.

"도대체 언제 정신 차릴래? 시험이 코앞인데 영화 볼 생각이 나? 정신이 있는 거니, 없는 거니? 뭐가 되려고 그러는 거야?"

한창 아이를 때리며 폭언을 쏟다가 문득 정신을 차려보니, 윤상이의 얼굴이 눈물 콧물로 범벅이 되어 있었다. 화를 가라앉힌 영미 씨가 윤상이를 안고 미안하다고 말하면서 소동은 마무리됐지만, 방으로 들어간 윤상이는 한참 동안 어깨를 들썩이고 있었다. 공부할 기분이 날 리 없었다.

'내가 미쳤나? 시험 기간에 영화가 보고 싶을 수도 있지, 그깟 시험이 뭐라고 애를 그렇게 잡았담…….'

영미 씨도 기분이 착잡해지면서 스스로가 한심하다는 생각이 들었다. 문제는 이런 일이 오늘이 처음이 아니라는 것이었다.

감정은 물처럼 아래로 흐른다

엄마들에게 결코 낯설지 않은 이런 상황은, 지금 이 시간에도 전국의 수많은 집에서 벌어지고 있다. 왜 엄마는 돌아서서 후회할 걸 알면서도 아이에게 자꾸 화를 내는 것일까? 감정의 흐름을 제대로 인식하지 못해 아이를 감정의 수챗구멍으로 삼고 있기 때문이다.

감정은 이성적으로 판단하고 합리적으로 통제하기 어렵다. 감정은 물과 같다. 고여서 넘칠 정도가 되면 어딘가로 흘러간다. 부정적 감정의 분출구는 여러 곳이다. 회사에서 받는 스트레스, 이웃과의 갈등, 배우자와의 권태기, 경제적 압박, 나쁜 컨디션 등은 모두 부정적 감정이 쌓이는 원인이다. 이런 것들이 차곡차곡 쌓이다 보면 넘치기 직전의 상태가 되는데, 넘쳤다가는 대형사고가 생기니 그 전에 어딘가로 흘려보내야 한다.

그런데 부정적 감정을 잘 흘려보낼 길을 만들지 못했거나, 자신이 만들어둔 길로는 소화할 수 없을 만큼 많은 감정이 흘러들어올 때

문제가 생긴다. 이때 부정적 감정은 본능적으로 가장 낮은 곳을 찾아낸다. 타일 공사 중 가장 난이도가 높은 공사가 화장실이나 다용도실의 바닥 공사라고 한다. 바닥은 평평하지만, 물이 바닥에 고이지 않고 구석의 수챗구멍으로 자연스럽게 빠져나갈 수 있도록 세심하게 공사해야 하기 때문이다.

우리의 감정도 마찬가지다. 다른 곳보다 아주 살짝 낮은 곳, 경사진 곳이 있으면, 바로 그곳으로 모든 부정적 감정이 흘러간다. 여기서 낮은 곳, 경사진 곳이란 바로 내가 상대하기 쉬운 곳, 화내도 되는 곳이다. 집에서는 대부분 아이가 표적이 된다. 앞에서 본 영미 씨의 사례도 마찬가지다. 아이도 잘못을 했지만, 엄마가 직장에서 힘들었던 일들을 그대로 집으로 가지고 오니, 하루 종일 지치고 힘들었던 감정들이 순식간에 아이에게 흘러내려간 것이다.

그러니 아이에게 자꾸 화를 내는 것을 단순히 부모의 성격 때문이라고 생각해서는 안 된다. 자신의 고통을 어떻게든 해결하고자 하는 인간의 본성에서 비롯되는 행동이기 때문이다.

이런 행동을 화풀이의 관점에서 살펴보자. 진화생물학자인 데이비드 바래시(David Barash)와 정신과 의사인 주디스 이브 립턴(Judith Eve Lipton)은 《화풀이 본능》에서 고통의 전달에는 세 가지 방식, 즉 3R이 있다고 설명했다.

첫째는 보복(retaliation)이다. 자신이 받은 고통을 가해자에게 곧바로 반사하는 반응이다. 그래서 즉각적이고 직접적이다. 복잡한 신경체계가 필요 없으며 심지어 뇌가 없어도 문제가 되지 않는다. 해파리를 건드리면 쏘는 것처럼 순식간에 벌어지며, 비례적이고, 무의식적이다. 둘째는 복수(revenge)다. A가 B를 공격하면 B도 A를 공격한다. 하지만 공격을 받았다고 해서 B가 곧바로 A에게 맞대응하지는 않는다. 시간을 두고 반응하기 때문에 양쪽의 공격 강도가 동일하지 않다.

여기까지는 가해자와 피해자가 일대일 관계로 엮인다. 그래서 어찌 보면 정정당당한 면이 있다. 문제는 세 번째, 바로 화풀이(redirected aggression)다. A가 B를 공격하는데, B는 A와 상관이 없는 C를 공격하는 것이다. 불합리하게 보이지만, 아무 잘못도 없는 C가 엉뚱하게 피해를 당하는 일은 우리 주변에서 늘 벌어진다. 즉 화풀이란 고통을 준 상대방이 아닌, 그와는 상관없는 제3자에게 가하는 보복 행위다. 그런데 이 경우 제3자는 대부분 어떤 빌미를 제공한 사람이다. 일종의 희생양이 생기는 것인데, 심리학자들은 이를 '지정된 죄인(designated transgressor)'이라 일컫는다. 많은 경우 '지정된 죄인'은 가정 내에서 발생하는 부당한 사건의 원인 제공자로 지목되어 고통을 당한다.

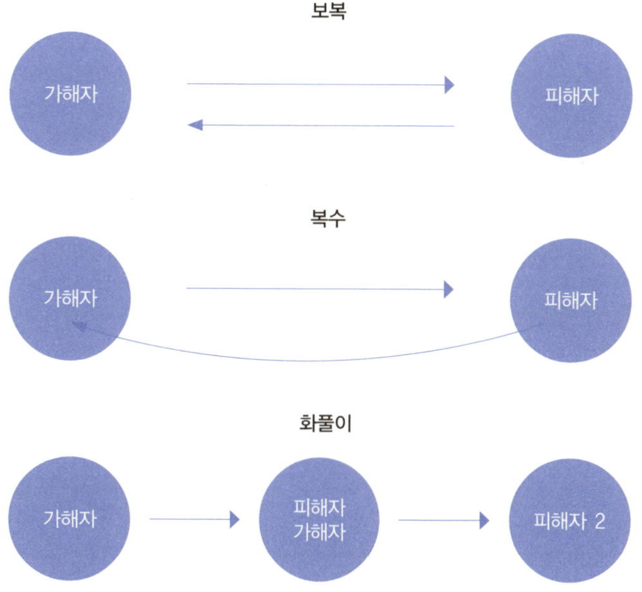

    당연하게도, 가장 억울하게 피해를 당하는 '지정된 죄인'은 집단 내에서 가장 약한 사람인 경우가 대부분이다. 나보다 약한 존재에게 폭탄을 던지는 것이다. 우리 사회에서는 일반적으로 세 부류가 화풀이의 대상이 된다. 첫 번째는 자기 주변의 약자다. 가정이나 직장에서 자기보다 낮은 위치에 있는 사람에게 고통을 전가한다. 두 번째는 감정노동자다. 백화점이나 식당에서 일하는 직원들에게 분노를 표출하는 경우가 이에 해당한다. 세 번째는 유명인이다. 연예인이나 정치인이 어떤 잘못을 저지르면 맹비난을 퍼붓는다. 이 역시 자신과 이해관계가 없지만, 마음 놓고 화를 내거나 비난해도 되는 대상이 등장하면 그동안 쌓였던 감정을 한꺼번에 털어내듯 공격을 퍼붓는 것이다.

이런 사례가 많다면 그 사회는 결코 건강하다고 볼 수 없다. 하지만 이런 행동을 하는 당사자들 역시 자신에게 쌓이는 고통스러운 감정을 씻어내기 위해 자신도 모르게 본능적으로 그런 태도를 취한다.

물론 아이가 잘못했을 수도 있다. 하지만 잘못한 만큼 혼을 내고 그치는 것이 아니라 정신을 못 차릴 정도로 소리를 지르고 감정을 폭발시킨다면, 평소 다른 곳에서 쌓이고 있던 부정적 감정과 스트레스가 이 기회에 폭발하는 것이다. 부모 입장에서는 아이가 잘못한 일에 대해 혼을 내는 것이 자신의 권리이자 의무라고 생각하지만, 화풀이 식의 감정 개입은 훈육을 빙자해 자신의 고통을 아이에게 떠넘기는, 그저 비겁한 행동일 뿐이다.

이런 일이 계속되면 아이는 당황할 수밖에 없다. 분명 본인이 잘못한 일이긴 해도, 자기가 생각하기에 그리 큰 잘못은 아닌데 무슨 비행(非行)이라도 저지른 것처럼 혼이 나거나 부모가 감정적으로 폭발하는 모습을 보고 나면 아이는 버림받을지도 모른다는 본능적 불안을 느낀다. 부모에게 버림받을지도 모른다는 불안은 아이에게는 벼랑 끝으로 내몰리는 공포와 맞먹는다. 그러니 집에서 이런 일이 반복된다면 부모 개인의 고통을 아이에게 그대로 쏟아내고 있는 것은 아닌지 돌아보아야 한다.

아이에게 유독 감정적으로 폭발하는 두 가지 이유가 더 있다. 하나는 아이에 대한 실망이다. 부모가 아이에게 갖고 있는 최소한의 기대, 즉 이 정도는 알아서 잘할 거라 믿었던 마음이 무너지면 아이에게 크게 실망한다. 그런데 그 실망은 허상에서 비롯되는 경우가 많다. 아이의 수준은 생각하지 않고 부모가 마음대로 아이의 위치를 규정한 다음, 그 위치에 도달하지 못한다며 탓하기 때문이다. 이런 경우 부모는 끊임없이 아이에게 실망하고, 원하는 수준에 도달하지 못한다며 창피해하다가 결국 인생에서 실패했다고 여겨 자존감에 상처를 받는 일을 되풀이한다. 지금도 많은 부모들이 이런 감정의 메커니즘은 깨닫지 못한 채 아이에 대한 실망을 인생의 큰 고통으로 여기며 스스로를 공격하거나, 집안이나 회사 내에서 받는 부정적 감정의 원인을 아이 탓으로 돌려 아이에게 감정을 쏟아낸다.

다른 하나는 아이에게 무시당한다고 느끼는 감정이다. 내가 낳아 기른 아이가 내 말을 무시한다, 아이마저 시키는 대로 하지 않거나

내 말에 귀 기울이지 않는다는 생각이 큰 상처로 남아, 격한 반응을 보이는 것이다. 그런데 엄밀히 따져보면 무시당했다고 느끼는 것은 어디까지나 부모의 감정일 뿐이다. 아이는 부모를 무시한 적이 없다. 둘의 관계에서 부모가 워낙 압도적으로 우위에 있다 보니, 아이가 별 뜻 없이 내뱉는 말이나 행동에도 '나를 무시한다'라고 느끼는 것이다.

동생을 때려야 사는 아이들

가장 큰 문제는 부모의 이러한 부정적 감정을 수챗구멍처럼 받아들여야 하는 아이들이다. 부모에게 마치 폭탄을 맞듯 심하게 혼이 난 아이는, 자신이 살기 위해 본인 역시 이 불쾌한 감정을 다른 곳으로 흘려보낸다. 이때 가장 만만한 존재가 동생이다. 동생이 자신에게 조금만 잘못해도 잔인하다 싶을 정도로 화를 내거나 때린다면, 이런 메커니즘에서 아이를 살펴볼 필요가 있다.

형제가 없을 경우에는 학교에서 공격적인 아이가 될 가능성이 크다. 집에서는 차분하고 얌전한데 학교에서는 쉽게 짜증을 내며 선생님에게 대들고 친구들과 자주 다투는 아이들이 있다. 집에서 차분하고 얌전한 것이 교육을 잘 받아서일 수도 있지만, 알고 보면 평소 부모에게 꾸중이나 부정적인 말을 많이 들어서인 경우도 의외로 많다. 혼나지 않기 위해 알아서 얌전하게 행동하느라 스트레스를 받다 보니, 학교에서 자기보다 약하거나 만만한 친구에게 그 화를 푸는 것이다.

마지막은 우울증이다. 체력도 약하고 소심해서 친구나 동생에게도 화를 풀지 못하는, 가장 약한 아이들에게 생기는 부작용이다. 공격성을 겉으로 표출할 대상도, 용기도, 배짱도, 힘도 없는 아이들이 자기 자신을 공격하는 것이다. 아이가 자꾸 우울해하고, 기운이 처지고, 등교를 거부하고, 이유 없이 아프고, 집중을 못한다면 이런 점을 고려해볼 필요가 있다.

부모는 판사가 되어야 한다

이런 안타까운 일을 방지하려면 어떻게 해야 할까? 무엇보다도 부정적인 감정은 아래로 흐른다는 점, 아이가 부모의 부정적 감정의 수챗구멍이 될 수도 있다는 점, 또한 실제로 그런 경우가 많다는 점을 인정해야 한다.

부모는 판사가 되어야 한다. 판사는 어떤 잘못에 대해 어느 정도의 수위로 처벌할지 결정할 권한이 있어서, 나름의 기준에 따라 판결을 내린다. 판사의 기분에 휘둘려 무죄인 사람이 징역 20년을 선고받거나, 징역을 살 사람이 벌금형을 받을 수는 없지 않은가. 이렇듯 부모도 아이의 행동에 대해 나름의 기준을 가지고 있어야 하며, 그 기준은 자신의 감정에 구애받지 않는 객관적인 것이어야 한다. 부부가 서로 긴밀하게 소통하면서 아이의 행동에 대해 최대한 비슷한 기준을 가진다면 더 바랄 나위가 없다. 만일 아무런 기준 없이 엄마의 감정에 따라서 아이의 행동을 판단한다면 아이는 자신이 무엇을, 얼마나 잘못했는지 판단하는 것이 아니라 늘 엄마 눈치를 보게 된다.

감정은 흐른다. 아이에게 흘러간 감정도 어딘가로 흘러갈 것이다. 내가 무심코 흘린 부정적 감정 때문에 자칫 잘못하면 아이의 인성과 인간관계에도 문제가 생길 수 있다. 극단적인 사례이긴 하지만 아이가 자라면서 부모에게 받은 상처를, 훗날 부모에게 되갚는 경우도 있다. 장성한 아이가 타당한 이유 없이 자신의 감정에 따라 무작정 화를 내고 공격적인 태도를 취하는데 부모가 도저히 말로는 설득하거나 타협할 수 없을 때, 정신분석에서는 이를 '공격자와 동일시된다'

(identification with aggressor)라고 한다. 소위 괴물의 탄생이다. 사회는 그런 사람들을 패륜아, 인간말종이라고 비난하지만, 그 괴물이 어떻게 탄생했는가? 바로 부모가 함부로 쏟아낸 온갖 부정적인 감정이다. 오늘부터라도 이 악순환의 고리를 끊어야 한다.

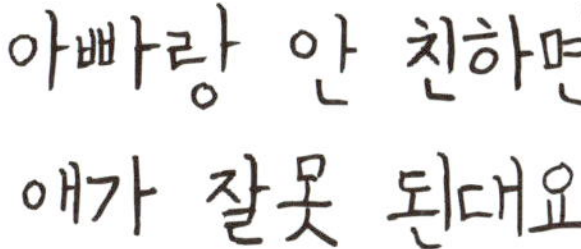

아빠는 아빠이지 친구가 아니다

"애한테 좀 잘해줄 수 없어? 왜 그렇게 권위적으로 굴어?"

"내가 뭐가 권위적이야? 아니, 그럼 내가 내 자식 키우면서 이 정도 꾸중도 못해?"

윤지 씨는 남편이 아들 민재를 엄하게 키우려는 것이 영 못마땅하다. 민재의 귀가 시간이 점점 늦어지는 것은 윤지 씨도 불만이지만, 원래 아이들은 클수록 부모보다 친구와, 집보단 바깥에서 보내는 시간이 많아지는 법 아닌가. 노는 데 정신이 팔려 전화도 받지 않고 밤열 시가 다 돼서야 들어온 건 잘못이지만, 별 탈 없이 들어온 걸로도 윤지 씨는 다행이라고 생각했다. 그런데 남편은 아이를 거실 한가운데에 똑바로 서게 하더니 군대 후임 길들이듯 버럭버럭 소리를 지른 것이다.

잔뜩 긴장한 민재는 "잘못했습니다"라며 90도로 절을 한 후에야 조심조심 자기 방으로 돌아갔다. 남편 눈치가 보여 아이에게 저녁은 뭘 먹었냐고 물어보지도 못한 윤지 씨는, 아들은 무조건 엄하게 키워야 한다고 주장하는 남편을 이해할 수 없다. 다른 아빠들은 아들과 친구처럼 지내려고 애쓴다는데 왜 우리 남편은 그렇지 않을까?

아빠들이 달라졌다. 주중에는 새벽에 출근했다가 밤늦게 퇴근하고 주말에는 종일 잠만 자는 아빠 대신, 일찍 퇴근해 아이들 숙제를 봐주고, 함께 놀아주고, 주말에는 야외활동을 하는 아빠들이 늘어나고 있다. 엄격하고 가부장적인 아빠 대신 아이와 친구처럼 지내는 아빠가 좋은 아빠라는 인식이 퍼지면서 '프렌디(friend와 daddy의 합성어로 친구 같은 아빠라는 뜻. 아이와 잘 놀아주면서 육아와 자녀교육에도 관심이 많은 아빠를 칭한다)'라는 말까지 생겨났다. 〈아빠 어디가?〉, 〈슈퍼맨이 돌아왔다〉처럼 아빠와 아이가 함께 뭔가를 하면서 친해지는 예능 프로그램 또한 큰 인기를 끌고 있다. 그동안 육아는 엄마가 전담하는 일로 여겨졌고 엄마들의 가장 큰 불만 중 하나가 '아이를 엄마 혼자 키우

  엄마의 빈틈이 아이를 키운다

는 것'이었던 점을 감안한다면 이런 추세는 매우 바람직해 보인다.

요즘 젊은 아빠들은 아이와 친구처럼 지내길 바란다. 권위적이고 큰 소리를 내고 무관심으로 일관하던 자신들의 아버지에 비해 180도 달라진 모습이다. 그렇다면 친구 같은 아빠는 실제로 아이들에게 어떤 영향을 미칠까?

고용노동부에 따르면 2012년 육아휴직을 신청한 남성 근로자는 1,790명으로 전년도에 비해 27.6퍼센트 늘었다. 지난 2002년에 78명, 2005년에 208명이었던 것에 비하면 엄청난 증가를 보인 셈이다.

각 학교에서 선생님과 상담을 하거나 급식 도우미를 하는 등 학교생활 전반에 적극적으로 참여하는 아빠들도 늘고 있고, 일부 학교에서는 어머니회와 별도로 '아버지회'를 구성하기도 한다. 아이와 좋은 관계를 맺고 싶어서 아빠학교에서 교육을 받는 아빠들도 늘고 있다.

이러한 추세는 일단 바람직하다고 본다. 실제로 아빠가 자녀교육에 참여하는 것이 아이의 성장발달에 좋은 영향을 미친다는 연구결과도 많다. 영국 국립아동발달연구소가 7세, 11세, 16세 청소년 1만 7,000명을 대상으로 30여 년간 조사한 자료를 옥스퍼드대학교가 분석했다. 그 결과, 사회적으로 인정받고 행복한 가정을 꾸린 사람들의 공통점이 '아빠와 친하게 지냈다'는 점이었다.

'차라리 일찍 퇴근해서 애랑 놀아주지, 뭐'

가정으로 돌아오는 아빠들의 이면에는 사회의 경쟁에서 한 발 물러서고자 하는 마음이 자리하고 있을 수도 있다는 생각이 든다. 사회의 치열한 경쟁이 힘에 부치고, 더 이상 나아갈 곳이 없어 보이고 한계에 도달했다고 느낄 때, 사람들은 뒤로 물러서서 힘을 비축하려 한다. 이를 퇴행이라고 한다. 어떤 사람은 어릴 때 즐겨 하던 놀이를 하고, 어떤 사람은 자신보다 어리거나 자신이 좋아하는 사람들과 자주 어울리려 한다. 직장 후배들과 회식하기를 즐기거나 예전에는 엄두를 내지 못하던 고급스러운 취미생활을 하거나 값비싼 장난감을 거리낌 없이 사는 행동 등도 퇴행의 일종이다. 퇴행을 통해 마음의 휴식을 취하고 에너지를 비축할 수 있기 때문이다.

이런 맥락에서 아빠들이 양육에 참여하는 모습을 살펴보면 크게 두 가지 패턴을 확인할 수 있다. 하나는 마치 업무를 수행하듯 아이의 학업과 생활 전반을 관리하려는 것이고, 다른 하나는 자신도 아이의 눈높이에 맞춰 아이처럼 노는 것이다.

아이의 올바른 성장을 바란다는 관점에서 보면 퇴행 심리를 충족하기 위해 양육을 선택한다는 것이 바람직한 일은 아니다. 아빠 자신의 만족을 위해 아이를 선택한 것일 뿐, 아이의 관점에서 세상을 바라보려는 노력이 생략되었기 때문이다. 사무실에 늦게까지 남아서 의미 없는 시간을 보내며 괜한 술자리를 전전하는 것이 싫으니 차라리 일찍 퇴근해서 아이와 많은 시간을 보내겠다는 마음이라면 이런 퇴행 심리가 촉발된 것일 수 있다. 하지만 어떤 마음으로 결정했든 아빠 자신의 생활방식을 바꾸고 아이와 정말 의미 있는 시간을 보내기 위해서는 오직 아빠만이 할 수 있는 역할을 이해하고 수행할 필요가 있다.

'친구'와 '친구 같은'의 차이를 인식하라

부모는 '권위'를 갖되 '권위적'이어서는 안 된다. 같은 이치로 '친구 같은 모습'을 가질 순 있지만 '친구'여서는 안 된다. 아이와 친구처럼 모든 것을 털어놓을 수 있는 가까운 사이가 되기를 바랄 순 있지만, 그래도 아빠는 아빠고, 아이는 아이다. 둘 사이에는 분명한 선이 있어야 하고, 그것을 아이가 인지해야 나중에 세상에 나아가서도 사회가 허용하는 선을 인식하고 그 선을 넘어서지 않는 자제력을 지닐 수 있다. 엄마가 아이에게 둥지 안에서 힘을 얻고 상처를 치유해주는 베이스캠프 역할을 한다면, 아빠는 방향을 제시하고, 넘어서는 안 될 선과 사회적 규율을 내재화해서 훗날 아이가 독립된 성인으로 살아가는 데 필요한 기본적인 내용들을 일러주는 '선배' 역할을 한다. 이것은 '친구'는 할 수 없는 일이다. 친구는 동등하고, 책임지지 않는 관계이기 때문이다.

그렇다면 '친구' 같으면서 '권위' 있는 아버지의 역할은 무엇인지 알아보자. 먼저 아버지가 어머니보다 잘할 수 있는 것을 제공하려고 노력하는 것이다. 아이들이 아직 어리다면 몸을 움직이는 활동을 함께할 것을 권하고 싶다. 함께 운동을 하면서 이겼을 때의 기쁨과 졌을 때 인정하는 법을 배울 수 있다. 신체적 기능이 향상될 수 있고, 공격적인 태도가 아닌 정정당당하게 승부를 겨루는 법을 익힐 수도 있다.

맞벌이를 하는 엄마들도 아이와 대화할 때는 학교생활이나 일상생활 등으로 대화 주제가 한정되는 경향이 있다. 아빠들은 이런 주제로 대화하는 데 익숙하지 않다. 아이들 또한 "학교에서 어땠니?"라고 물어보면 "그냥 그랬어요", "재미없어요", "몰라" 등으로 일관해 아빠들이 머쓱해지는 경우가 많다. 아이와 대화할 때 오히려 아빠 자신의 자기 이야기를 들려주는 것이 좋다.

회사에서 있었던 일, 상사에게 시달렸던 일, 거래처의 무리한 요구로 힘들었던 점, 술자리에서 생기는 소소한 갈등, 아니면 사회나 정

   엄마의 빈틈이 아이를 키운다

치 이야기도 좋다. 아이는 성장할수록 가족과 친구, 학교에서의 일뿐 아니라 사회 곳곳에서 일어나는 다양한 세상사에도 관심을 보이는데, 이런 이야기는 주로 선생님이나 친구들, 텔레비전이나 인터넷 같은 미디어를 통해 어렴풋하게 접하는 경우가 많다. 이때 사회생활을 하고 있는 아버지가 들려주는 생생한 경험담은 아이에게 흥미진진할 수밖에 없다. 이런 시간을 통해 아버지는 자연스럽게 가장의 '권위'를 획득할 수 있고, 아이는 세상 돌아가는 이치를 간접적으로 배울 수 있다. 또한 우리 아빠와 다른 아빠들의 모습을 비교하면서 세상을 살아가는 데에는 여러 가지 태도가 필요하다는 사회적 관계 맺기의 기본 룰을 익힐 수도 있다. 위험한 판단을 피하려면 어떤 부분을 고려해야 하는지, 결정을 할 때는 자신의 욕망만큼이나 그 결정이 어떤 결과를 가져올지도 중요하게 생각해야 한다는 점 등도 아빠를 통해 배울 수 있다. 아이가 이런 깨달음을 많이 얻으면 얻을수록 충동적이고 위험한 판단을 내릴 확률도 줄어든다.

아빠가 아이와 대화할 때 어떤 단어나 표현을 써야 하는지는 크게 고민하지 않아도 된다. 엄마들은 상대적으로 공감능력이 발달해 있기 때문에 아이의 수준에 맞는 단어를 골라서 사용하는 경향이 있다. 하지만 아빠들은 단어를 변용하는 능력이 상대적으로 떨어진다. 그래도 걱정할 필요는 없다. 엄마와의 대화가 즉각적인 소통 능력을 향상시켜준다면 아빠와의 대화는 새로운 단어를 접할 기회를 주고 평소에 쓰는 단어보다 수준 높은 언어를 익힐 기회를 주기 때문이다. 이는 차후에 학업성취도에도 영향을 미칠 수 있다.

아빠의 역할, 많은 시간보다 집중이다

"나도 아이들과 많은 시간을 보내고 싶어요. 그럼 일은 누가 합니까? 밖에서 돈 버는 게 어디 쉬운 일이냐고요."

육아에 동참하라고 하면 많은 아빠들이 이렇게 항변한다. 맞는 말이다. 최근의 프렌디 열풍은 어떤 면에서는 직장에서 하루 종일 치이는 것만으로도 스트레스 받는 아빠들에게 또 다른 짐인지 모른다.

그렇지만 절대적인 시간이 모자란다고 육아에서 아빠 역할을 방기해도 좋다고 할 수는 없다. 육아는 양보다 질이 중요하다. 10분도 좋고 15분도 좋다. 그 시간만이라도 아이에게 집중할 수 있으면 된다. 그것만으로도 충분하다. 엄마 없이 아이와 단둘이 보내는 시간을 가질 수 있다면 더더욱 좋다. 가족 전체가 함께하는 시간도 중요하지만, 온 가족이 함께 식사를 하고 여행을 할 땐 아이가 아빠와 함께 하는 시간이라고 인지하지 못한다. 처음엔 불편하고 어색할 수 있지

   엄마의 빈틈이 아이를 키운다

만 아빠와 단둘이 보낸 시간은 아이에게 오래도록 기억된다. 그러니 아이가 둘이라면 한 명씩 따로따로 시간을 보내려고 노력하자. 아주 짧은 시간이어도 좋다. 함께 텔레비전을 봐도 좋고, 게임을 해도 좋고, 학원에 데려다주면서 짧은 대화를 나누는 것도 좋다. 대신 그 시간만큼은 지키려고 서로 노력해야 한다. 아빠가 먼저 지키면 아이도 따를 것이고, 이것이 가족의 룰로 자리 잡는다면 평생 잊지 못할 기억이 될 것이다. 중요한 것은 어쩌다 한 번 시간이 생길 때 하는 것이 아니라 최대한 규칙적으로 일관되게, 오랫동안 지속할 수 있게 노력해야 한다는 것이다. 그러면 처음에는 어색해하던 아이도 서서히 그 시간을 즐기게 될 것이다.

아이를 위해 소중한 시간을 내는 것은 프렌디가 되어 아이의 방식으로 놀아주는 것보다 더 중요한 일이다. 그리고 어쩌다 한 번 시간을 많이 내는 것보다 단 10분이라도 가급적 규칙적으로 할애하는 것이 아이가 아빠를 '친구처럼' 편하면서도 '배울 점 많고 본받고 싶은 롤모델'로 삼는 데 도움이 된다.

프렌디를 구글이나 위키피디아에 입력해도 영문으로 검색되는 단어는 없다. 프렌디 열풍은 어쩌면 한국의 각박하고 기형적 사회가 만든 환상인지도 모른다. 부모 세대가 보고 자란 권위적인 아버지상

에 대한 반감과 아쉬움이 지금의 젊은 아빠들 사이에서 '친구 같은

아버지'에 대한 열망을 불러온 것은 아닐까?

 엄마의 빈틈이 아이를 키운다

워킹맘이냐, 전업맘이냐

+++

'빈 둥지 증후군'에서 벗어나는 게 먼저다

"다 잘하고 싶죠. 그런데 마음대로 안 돼요."

"뭘 다 잘하고 싶다는 건가요?"

"아이를 잘 키우고 싶죠. 그렇다고 일을 포기하고 싶진 않아요. 그런데 아이가 클수록 엄마 손이 많이 필요하잖아요. 매번 챙겨주질 못하니 내가 엄마 노릇을 제대로 못하는 것 같아 미안해요. 1년에 한두 번은 꼭 고비가 와요. 아이 학교 행사랑 회사일이 맞물릴 때라든지, 버스를 놓쳤는데 데리러 갈 사람이 없다든지…… 그럴 땐 회사를 그만둬야 하나 싶은 고민을 며칠씩 해요. 속상해서 밤에 혼자 울

때도 많아요.”

“결정할 때가 온 건가 싶을 때가 있죠?”

“한 달에도 몇 번씩 있죠. 아이가 아파서 학교도 못 가고 있는데 중요한 회의가 있어서 병원에 데려갈 수도 없을 때, 애만 집에 두고 나와야 할 때면 내가 왜 이 고생을 하나 싶죠.”

“그럴 때 어떤 생각이 들어요?”

“생각이요? 생각할 겨를은 없고, 그냥 다 미안해요. 내 욕심 때문에 아이가 희생하는 것 같아서요. 제가 계속 직장생활을 할 수 있을까요? 아이가 클수록 엄마가 해줄 일이 더 많아질 것 같은데요.”

“그럴까요? 정말 많아질까요?”

‘내가 지금 일을 하는 게 옳을까?’

내 진료실을 찾아오는 워킹맘들이 가장 많이 토로하는 고민이자, 대한민국 워킹맘들이 하루에도 몇 번씩 겪는 딜레마다.

직급이 올라갈수록 업무 강도는 높아지고, 조직에서 원하는 것은 많아진다. 일에 집중해도 동료들과 경쟁하기가 쉽지 않은데, 아이가 클수록 할머니나 가사도우미가 해결할 수 없는 일이 발생한다. 이런 상황에서 이러지도 저러지도 못하고 갈팡질팡하는 상황이 지속되다 보면 결국 결단을 내린다. 일을 그만두는 것이다.

통계청에 따르면 지난해 우리나라의 15세부터 54세까지의 기혼여성 974만 7,000명 중 20.3퍼센트인 197만 8,000명이 다양한 이유로 일을 그만두었다. 이유를 살펴보면 결혼이 47퍼센트, 육아 25퍼센트, 임신과 출산이 25퍼센트로 나타나는데, 결국 전체 사유의 절반 정도가 육아임을 알 수 있다. 그러다 보니 우리나라 여성들의 경제활동 참가율은 2001년 48.8퍼센트에서 2012년 49.9퍼센트로 10년 넘게 제자리걸음을 하고 있다. 이는 사회적으로도 큰 손해가 아닐 수 없다. 입사 성적으로는 상위권을 휩쓴 젊은 여성들이 30대가 되면 출산과 육아의 높은 벽을 넘지 못하고 전업주부가 되는 것이다. 실제로 2011년 한국의 연령대별 여성 고용률을 살펴보면 20대 후반(25~29세)에는 71.6퍼센트지만 30대 초반(30~34세)이 되면 56.4퍼센트로 급락하는 것을 알 수 있다. 이 시기를 견디지 못해 결국 오랫동안 공부하고 경쟁하면서 쟁취한 사회적 정체성을 포기하고 '누구 엄마'가 되는 것이다.

그렇다면 결혼과 출산 후에도 일을 포기하지 않는 여성들은 어떨까? 우리는 흔히 일과 육아 어느 것 하나 포기하지 않고 둘 다 잘해내려고 노력하는 여성들을 '슈퍼우먼'이라고 부른다. 하지만 이들이라고 마음이 편한 것은 절대 아니다. 다른 사람들에게 '독하다'는 말도 듣고, 늘 아이에게 미안함과 죄책감을 가지며, 전업주부들에게 소외되다 보니 정보가 부족해 아이가 경쟁에서 뒤처질지도 모른다는 불안에 시달린다. 특히 사회적으로 큰 성취를 이룬 엄마일수록 이런 불안 또한 클 수밖에 없다.

그렇다면, 일을 그만두고 전업주부가 되어 아이에게 '올인'하면 행복해질까? 전업주부들의 말을 들어보면 절대 그렇지 않다.

"우리 남편은 내가 집에서 종일 논다며 팔자 폈다고 해요. 일하는 친구들도 나를 부러워하고요. 전업주부가 집에서 논다니, 실상을 알아야 하는데."

"내가 얼마나 바쁜데요. 엄마들 모임엔 무조건 나가야 해요. 안 나가면 찍히거든요. 중요한 정보가 다 거기서 도는데, 철새같이 굴었다가는 국물도 없어요. 아이가 친구들이랑 잘 어울리려면 싫어도 꼭 나가야 해요"

또래 엄마들과의 티타임에는 출석 도장 찍듯 나가야 하고, 재미없는 이야기에도 맞장구를 쳐줘야 중요한 정보를 얻을 수 있다고 믿는다. 자신만의 주관을 가지고 소신껏 아이를 키우고 싶은 마음도 있지만 불안하다. 인터넷에 넘쳐나는 육아 커뮤니티를 보고 있으면 나만 '못난 엄마'라는 좌절감이 가득해진다. 다른 집 아이들은 뭘 하는지 알고 비슷한 수준으로는 시켜야 엄마로서 최소한의 도리를 하고 있다는 생각이 든다.

종일 집에 있으면서 아이에게 많은 시간을 투자한다고 아이가 하루아침에 확연히 달라지지도 않는다. 오히려 전보다 못할 때가 더 많다. 일을 그만두니 당연히 전에 비해 경제적으로 빠듯해지는데 아이가 빈둥거리거나 딴짓을 하고 있으면 화가 치밀어 오른다. 하루 종일 아이와 함께 지내다 보니 예전에는 몰랐거나 적당히 넘겼을 일들도 하나하나 눈에 거슬리기 시작한다. 특히 일을 할 때는 잘 챙겨주지 못해 미안한 마음에 그냥 눈감아주던 것들이 이제는 예외 없이 잔소리거리가 된다. 거기에 '난 일도 그만두고 너를 위해 희생하는데, 넌 종일 빈둥거리고 놀다니'라는 감정까지 더해지면 아이를 더 닦달하게 된다. 결국, 처음 상상했던 것과 전혀 다른 그림이 그려진다. 이처럼 아이와 많은 시간을 보내면 아이가 심리적으로 안정되어 학업성취도가 올라가고 엄마와의 애착관계도 향상된다는 말만 믿고 일을 그만뒀는데, 오히려 둘 사이가 더 나빠지는 경우가 비일비재하다. 일을 그만둔 것이 후회스럽지만 복귀하기가 어렵다고 하소연하는 엄마들이, 참 많다.

실제로는 슈퍼우먼이 아닌데 그런 시선만 받으면서 늘 죄의식과 미안함 속에서 허덕이는 워킹맘과, 경력 단절을 감수하고 전업맘을 선택한 엄마의 당황스러움과 혼란은 어디서 온 것일까? 엄마는 아이

를 위해 늘 최선을 다해야 하고, 다른 엄마들처럼 하지 않으면 아이
가 나 때문에 불이익을 당하고, 결국 커서 제구실을 못할 것이라는
공포와 불안이 가져온 결과물이다.

아이에게 신경 쓰지 않는 부모가
진짜 좋은 부모다

냉정하게 말하자면 아이도 남이다. 부모가 해줄 수 있는 것은 생각
보다 매우 적다. 모든 아이는 자신의 몫을 갖고 태어난다. 부모의 역
할은 약간의 도움을 주고 작은 보호막이 되어주는 것뿐이다. 다른
사람의 인생을 설계하고 대신 살아가는 것이 우리 인생의 목표가 되
어서는 안 된다. 인생은 한 번뿐이다. 나에게 주어진 내 인생을 최대
한 재미있게, 열심히 살아가야 한다. 좋은 부모는 자기 인생을 사느
라 아이에게 신경 쓰지 않는 부모다. 아이를 위해서 희생한다는 말
은 자기 인생을 살지 못하거나, 자기 인생을 개척할 용기가 없는 사
람의 변명일지 모른다. 아이를 자신의 분신, 자아의 확장판으로 여기
는 우리나라 엄마들은 아이의 성공이 자신의 기쁨이자 보람이라는
것을 지극히 당연한 명제로 생각하지만, 이런 인식에 근본적인 의문

  엄마의 빈틈이 아이를 키운다

을 가져야 근원적인 불안과 공포에서 벗어날 수 있다. 계속 이런 생각을 갖고 살아간다면 나중에 아이가 커서 부모 품을 떠났을 때 심각한 공허감과 박탈감만 남을 것이다. 세칭 '빈 둥지 증후군'이다.

다른 엄마들도 나처럼 불안하다

나만 불안한 것이 아니다. 엄마들 모임에서 누구 집 아이가 잘됐다는 얘기를 듣거나, 어떤 엄마가 뭘 잘했다는 말을 듣고 온 날은 괜히 불안해진다. 자신이 지금까지 해온 노력이 다 헛된 것처럼 느껴지고 완전히 잘못 살고 있는 것 같기 때문이다. 그런데 그런 자리에서 말을 많이 하는 사람일수록 사실 긴장과 불안이 많다는 것을 알아야 한다. 자신의 불안을 잠재우기 위해 강박적으로 말을 많이 하고, 정보를 수집해서 알리기 때문이다. 그런데 그렇게 공개하는 정보의 대부분은 자신이 보여주고 싶은 것들이다. 자신의 불안을 줄이기 위해 사실을 왜곡하는 면이 있다는 점도 놓쳐서는 안 된다. 그들도 나처럼 불안하다. 불안한 사람들끼리 만나면 서로가 그렇지 않은 척하지만 사실은 집단으로 상승곡선을 그리는 악순환만 형성된다. 그러니 불안이 느껴질 때 겁내지 말자. '왜 남들은 모두 잘하는 것 같은데 나만 이렇게 불안한 걸까?'라며 위축될 필요도 없다. 원래 이렇게 약간의 불안감을 안고 살아가는 것이 인생이다. 불안하기에 긴장할 수 있고, 정신을 바짝 차릴 수 있다. 그러나 지나친 불안은 나를 갉아먹고 에너지를 고갈시킬 뿐이다. 불안의 존재는 인정하되, 그 불안에 매몰되어서는 안 된다.

컨설팅 회사 맥킨지에서 한국인 최초로 여성 디렉터가 된 김용아 씨는 이렇게 말했다.

"누구도 완벽할 순 없어요. 완벽해지려고 집착하면 오히려 더 쉽게 지치고 빨리 포기하게 되죠. 우선순위를 정할 필요가 있어요. 모든 상황에서 동시에 좋은 엄마, 좋은 아내, 훌륭한 커리어우먼이 되는 건 불가능해요. 처해진 상황에 따라서 이럴 땐 최고의 엄마로, 저럴 땐 최고의 아내로, 커리어우먼으로 자신의 위치를 선택하고 거기에 집중하는 거죠. 그러면 평균적으로 봤을 때 어느 것도 포기하지 않는 삶을 살 수 있지 않을까요?"

아이에게 직접 뭔가를 해주는 것도 좋지만, 엄마가 열심히 사회생활을 하는 모습을 보여주는 것만큼 좋은 자극은 없다. 이런 모습들을 보면서 아이는 엄마와 자신을 동일시하고, 본받고, 자신의 미래를 그리기 때문이다.

일을 그만두고 전업주부가 된 여성들도 생각을 전환할 필요가 있다. 아이 '때문에'라는 편협한 생각에서 벗어나야 한다. '애만 없었어도'라는 부질없는 상상은 하지 말자. 선택은 본인이 한 것이고, 지금 살아가는 인생도 자신의 것이다. 무엇무엇 '때문에'라고 생각하면 자꾸 아이가 미워 보이고, 지금 자신의 모습이 초라하게 느껴져 분노와 우울감만 쌓일 뿐이다. 그러니 '때문에'를 '덕분에'로 바꿔보자. 그저 한 단어를 바꾸었을 뿐이지만 많은 감정이 바뀌고 불안이 사라지는 것을 느낄 수 있을 것이다. 아이 덕분에 내가 가질 수 있게 된 것도 많다. 망설이기만 하다가 일을 그만둘 수 있는 용기를 낸 것은 아이 덕분이었다. 그때 그런 용기를 내지 못했다면 지금도 이도저도 아닌 상태에서 일과 가정 어디에도 집중하지 못한 채 허덕이는 삶을 살고 있을 수도 있다. 그런 점들을 생각하면서 아이를, 나를, 우리 가정을 바라보자. 아이 때문에 희생하고 있다는 마음, 아이가 나의 이런 노력을 몰라준다는 서운함과 분노가 조금씩 옅어질 것이다.

인생은 선택의 연속이다. 그 모든 선택은 결국 내가 한 것이고, 내가 책임져야 한다. 내가 한 선택들이 쌓이고 쌓여 지금의 나를 구성하고 있다. '때문에'가 많아질수록 내 인생은 타인에게 휘둘린다. 일을 하고 있건 아이와 함께 지내고 있건, 내가 선택한 길이고 각각 장점이 있다. 근본적인 불안을 떼어낼 수만 있다면 어떤 삶이든 살 만

할 것이다. 아이를 놓고 나를 보지 말고, 나를 중심에 놓고 그 옆에 아이를 놓자. 그래야 아이도, 엄마도 행복해질 수 있다. 엄마가 먼저 행복하고 건강해야 아이도 행복해질 수 있다. 아이의 행복을 위해서라도 자신의 인생에 만족하고 행복할 수 있도록 노력하자. 엄마가 행복한 게 먼저다. 아이에 대한 막연한 죄책감과 불안감은, 이제 제발 벗어던지자.

제가 어떻게 해줘야 애가 잘될까요?

+++

'뭘 해주지 말아야 할까'를 고민하라

"왜 그렇게 바쁘세요?"

강연을 하러 가면 부모들에게 가장 많이 묻는 질문이다.

"할 일이 많으니까요."

"뭘 하시는데요?"

"좋은 학원 알아봐야지, 숙제 잘하고 있는지 검사해야지, 수업 끝나면 데리러 가야지, 학원 설명회 가야지, 밥도 챙겨 먹여야지, 하루하루가 전쟁이에요."

"왜 하시는데요?"

“아니, 그게 무슨 말이세요?”

“아이한테 알아서 하라고 하면 안 되나요?”

“저야 그랬으면 싶죠. 그런데 혼자 할 줄 알면 제가 이러고 있겠어요? 선생님은 현실을 잘 모르세요.”

“혼자 해보라고 한 적이 없는데 어떻게 아이가 혼자 하기를 바라세요?”

“혼자 할 애였다면 진즉에 그랬죠. 우리 애는 그렇게 안 돼요. 혼자 할 때까지 기다리다가 입시 다 끝나요. 요새는 제가 인기 강의를 미리 듣고 애를 가르칠 때도 있어요.”

플레잉 코치가 된 부모들

엄마들과 이런 대화를 나누다 보면 두 가지 생각이 든다. 하나는 엄마들이 정말 절박하다는 것, 다른 하나는 조금 엉뚱하지만, 야구장 풍경.

한 가족이 야구단을 이루고 있다고 상상해보자. 선수가 아이라면, 부모는 어떤 역할을 하는 것이 가장 좋을까? 많은 부모들의 머릿속에 가장 먼저 떠오르는 역할은 감독이다. 감독은 작전을 짜고, 선수를 훈련시켜 좋은 선수로 육성하고, 팀 전체를 책임지는 역할을 하기 때문이다. 언뜻 보면 매우 이상적이고 올바른 선택이다. 그렇지만 감독이라고 생각하는 많은 부모들이 실제로는 감독 역할을 제대로 하지 못한다. 감독은 그라운드에서 직접 뛰어서는 안 되기 때문이다. 경기 중에는 아주 가끔 투수를 교체하거나 작전 지시를 할 때 외에는, 그라운드에 올라가서도 안 된다. 이것도 두 번 이상 하면 투수를 교체해야 한다. 그러니 신중해야 한다. 그런데 요즘 많은 부모가 플레잉 코치처럼 아이와 함께 선수로 뛰고 있다. 플레잉 코치란 은퇴하지 않았지만 현역으로 풀타임 경기를 뛰지 못하는 고참 선수가 코치 역할과 선수 역할을 함께하는 것을 말한다. 많은 부모들이 아이 옆에서 함께 공부하고, 먼저 알아보고, 하나하나 지시하고, 못 뛰면 같이 뛰면서 힘을 북돋운다. 아이와 함께하는 부모의 모습이 적극적이고 능동적이라 보기에는 좋지만, 아이의 자기주도성과 자율성 발달이라는 관점에서 보면 부정적인 면이 더 많다. 아이들은 플레잉 코치가 하자는 대로 쫓아가는 데 급급하기 때문이다. 플레잉 코치들은 대부분 한창 시절에 스타급 선수였다. 그러니 이들은 자신의 전성기 시절을 떠올리면서 선수들을 바라보고, 다그친다. 플레잉 코치 역할을 하는 부모가 고학력이거나 학창 시절 공부를 잘했을수록 장기적으로는 아이에게 부정적인 영향을 주기 쉬운 이유도 여기에 있다. 부모가 아이에게 많은 기대를 가질 뿐 아니라, 아이의 성취에 만족하기보다 뭔가 부족하다고 느끼는 경우가 많기 때문이다. 성공한 많은 부모들이 '청출어람'을 강조하며 최소 자신이 하던 만큼은 해주기를 바란다. 그러나 모든 아이가 부모만큼 할 수는 없다. 아이들은 저마다 자기만의 능력을 가지고 태어났고, 한계가 있으며, 아이의 재능 중에는 당연히 부모보다 부족한 부분이 있을 수 있다. 지극히 당연한 사실인데도 자기 아이 앞에서는 '그래도 설마', '언젠가는'이라는 기대를 갖게 되는 것이 부모 마음이다. 그러다 보니 감독 역할에 충실하면서 장기적인 비전을 가지고 기초 훈련과 전략을 가르치기보다 본인이 나서서 뛰는 플레잉 코치 역할을 하는 것이다.

따지고 보면 감독이 되는 것도 썩 좋은 일은 아니다. 부모가 아이의 미래를 설계하고 전략을 짜는 것이 그리 좋은 일은 아니기 때문이다. 전(前) 보건복지부 장관이자 탁월한 저술가인 유시민 씨는《어떻게 살 것인가》에서 부모와 아이의 관계에 대해 이렇게 썼다.

> 부모가 저지를 수 있는 가장 중대한 잘못은 자녀의 삶을
> 대신 설계하고 자녀의 행복을 대신 판단하는 데서 시작된다.
> 부모는 누구나 딸 아들이 행복하게 살기를 바란다. 그러나 아
> 무리 지위가 높고 돈이 많은 사람도 자녀에게 행복을 상속해

줄 수는 없다. 행복은 사람이 저마다 느끼는 주관적 만족감이기 때문이다. 이렇게 해서 이야기는 다시 철학의 근본 문제로 돌아간다. 자식에게 물려주고 싶지만 그 자체를 물려줄 수 없는 행복, 그것은 무엇인가? 행복은 삶에서 기쁨을 느끼고 자기 삶에 만족하여 마음이 흐뭇한 상태를 말한다. 우리는 언제 이런 흐뭇함을 느끼게 되는가? 스스로 설계한 삶을 자기가 옳다고 여기는 방식으로 살면서, 그것이 무엇이든 자신이 이루고자 하는 것을 성취했을 때 행복을 느낀다. 부모는 자녀가 자신의 행복을 찾아나갈 수 있도록 지켜보고 격려하면서 필요할 때 적절한 도움을 주는 선에서 머물러야 한다. 만약 자식이 행복한 삶을 살기를 바란다면 두 가지를 가지도록 도와줄 수 있다. 첫째는 행복을 느끼는 능력, 둘째는 원하는 것을 성취할 수 있는 능력이다. 자식은 부모의 꿈이나 희망을 실현하는 수단이 아니다. 자신의 소망을 자녀에게 투사(projection)하지 말아야 한다. 자기가 옳다고 믿거나 좋다고 생각하는 삶의 방식을 강제해서도 안 된다. 자녀들은 부모가 그렇게 할 경우 그것을 거부할 수 있어야 한다.

자신의 소망을 자녀에게 투사하거나 자녀의 삶을 대신 설계하지

엄마의 빈틈이 아이를 키운다

말라는 유시민 씨의 견해에 많은 부모들이 이성적으로는 공감하면서도 실제론 그렇게 살지 못하고 있다. 왜일까? 부모의 불안 때문이다. 혹시라도 아이가 잘못되면 어쩌나 하는 불안. 아이를 키우는 일에는 시행착오가 있을 수 없다. 매 순간의 선택 앞에서 아이의 미래에 가장 좋은 것을 선택하기 위해 모든 노력을 다하는 것이 부모의 의무라 여기기 때문이다. 하지만, 정말 그럴까? 부모가 아이들에게 해줄 수 있는 것은 많지 않다. 부모는 아이가 정말 잘못될까 봐 무서운 것이 아니라, 머릿속으로 그리고 있는 이상이 실현되지 못할까 봐, 다른 아이와 비교당할까 봐 무섭고 불안하다. 그래서 그 불안을 아이에게 쏟는다. 물론 아이가 행복해지기를 바라서다.

하지만 이제는 근본적으로 방향을 전환해야 한다. 이제는 뭘 더 해줄까가 아니라, 더 해주고 싶은 욕망을 어떻게 하면 참을 수 있을까를 고민해야 한다. 이미 수많은 아이들이 부모가 그린 설계도대로 자라나고 있다. 겉으로는 성공한 것처럼 보이지만, 실제로는 자기 삶이 주는 행복을 한 번도 누려보지 못한 채 부모를 원망하면서.

그렇다면 이런 부모의 기대 속에는 대체 무엇이 들어 있을까? 일본의 소설가 마루야마 겐지는 《인생 따위 엿이나 먹어라》에서 부모가 가지는 기대의 근본을 이렇게 진단한다.

가장 악질적인 경우는 자식을 이용해 이득을 취하려는 부모, 자신의 노후를 책임지게 하고 보살핌을 받고 싶어 자식을 낳는 부모다. 그런 부모는 애당초 부모라 할 수 없다. 자신을 위해 자식을 희생시키는 부모는 남보다 훨씬 못한, 악마나 다름없다. 그들은 인간이랄 수도 없다. 부모도 아니거니와 인간도 못되는 사람을 부모로 알고 사는 자식은 부모의 인생을 살 수밖에 없으며, 그렇지 않으면 부모 인생의 빈틈을 메우는 도구로 사는 신세가 되고 만다. 부모 수족의 일부에 불과했다는 것을 깨우쳤을 때 이미 자신의 인생은 완전히 파멸의 구렁텅이에 빠져 끝나 있다. 부모란 이렇듯 애매모호한 존재다. 부모의 사랑에 거짓이 없다고 믿는 것은 부모 자신뿐이다. 인간이 아닌 동물들이 새끼에게 보이는 대가성 없는 사랑의 정반대 지점에 있는 이기적인 사랑. 안타깝게도 그것이 바로 인간이라는 부모가 보이는 사랑의 진실이다.

무척 강한 독설이 아닐 수 없다. 하지만 그가 하는 말의 의도는 충분히 생각해볼 필요가 있다. 이 정도로 강하게 일갈하지 않으면 자식을 위해 희생한다는 생각, 아이를 가장 잘 아는 사람은 부모라는 신념, 그러나 실제로는 아이에게 해가 될지도 모르는 그 믿음을 근

     엄마의 빈틈이 아이를 키운다

본적으로 재검토하게 하기가 어려울 거라는 점을 그도 이미 알고 있
었을 것이다.

아이의 팬이 되는 것이 위험한 이유

여기까지 읽고 나면 "그럼 아이가 알아서 뛰게 놔두고 우린 관중석
에 앉아서 구경이나 하고 있으라는 소리네"라는 말이 나올 수 있다.
물론 이것 역시 충분히 의미 있는 일이 될 수 있다. 하지만 팬의 속
성을 생각해본다면 이 정도 역할로는 안심할 수 없다. 팬은 자신이
좋아하는 팀이 이길 땐 흥분하고 좋아하지만, 경기에서 지면 선수에
게 비난을 퍼부을 수 있고, 심지어 좋아하는 팀과 선수를 바꿀 수도
있다. 만약 이런 부모가 있다면 플레잉 코치보다 못한 부모일 것이
다. 아이가 잘할 때는 기뻐하다가, 힘들고 지친 모습을 보이거나 기
대보다 못하면 가차 없이 아이의 잘못과 실수를 비판하는 부모들 말
이다. 이런 부모들은 경기에서 지면 물병을 던지고, 지친 몸으로 돌
아가는 선수들에게 욕을 퍼붓는 개념 없는 관중과 다를 것 없다. 이
들은 팀이 져서 화가 난 것이 아니라, 자기 삶의 불만과 분노를 경기
결과에 투사하고 있는 것이다. 부모가 아이의 좌절과 실패에 혼을

내는 것도 아이를 자신과 동일시해 아이에게 자신의 욕망을 투사하면서, 아이를 통해 대리만족을 얻고자 하기 때문이다. 한마디로 이들은 '스스로에게 화가 난 것'이다. 이런 부모는 악성 팬인 '훌리건'이 되기도 쉽다. 훌리건은 자신들이 응원하는 팀이 지거나 원하는 만큼 성적을 내지 않으면 폭동을 일으키고, 상대 응원단과 싸우고, 상대 선수를 악의적으로 비방한다. 심지어 한창 경기가 진행 중인 경기장에 난입해 다짜고짜 심판에게 대들고, "왜 이것밖에 못해!"라며 자기 팀 선수를 붙잡아 혼을 낸다.

세상 누구도 하지 못하는
부모의 결정적 역할

부모는 응원단이다. 작전을 짜서 지시하는 사람도 아니고, 같이 뛰거나 대신 달려주는 사람도 아니며, 지면 화를 내고 비난하면서 화풀이를 하는 사람도 아니다. 이기고 잘하고 있을 땐 당연히 기뻐하지만, 원하는 결과를 내지 못해도 "잘한다, 힘내라!" 하며 응원의 메시지를 보내주는 존재가 바로 부모다. 아이가 어디서 무엇을 하든, 얼마나 힘들어하든, 뛰다가 넘어지든, 작전을 잘못 짜서 고생을 하든,

개입하지 말고 승패와 관계없이 응원해주는 존재 말이다.

소아과 의사였다가 정신분석가가 되어 아이의 발달과 관련된 많은 이론을 만든 도널드 위니캇(Donald Winnicott)은 아이에게 지나치게 간섭하는 엄마, 자신이 아이보다 아이를 더 잘 안다고 생각하는 침입적인 엄마는 동화 속 마녀의 원형이라고 했다. 아이들 입장에서는 자신에 대해 모든 것을 알고 있고 모든 것을 통제하려는 엄마가 마녀 같은 공포의 대상일 수 있다는 것이다. 부모가 나에 대해 모든 것을 다 알고 있고, 나 대신 내 미래의 계획을 짜고, 내가 아무리 노력해도 뛰어넘을 수 없는 위치에 있다면? 더 이상 같이 살기 싫을 것이다.

위니캇은 '적당히 충분한 엄마(good enough mother)'가 아이에게 '최적의 좌절(optimal frustration)'을 경험하게 하는 것이 최선의 양육이라고 했다. 완벽한 엄마가 아이에게 좌절과 실패 없는 삶을 경험하게 하는 것이야말로 재앙이다. 그래서 어떤 학자는 아이들 눈에 완벽해 보이는 부모는 그 자체로 재앙이라고 했다. 아이가 어느 정도 자라고 나면 부모는 이런 부분을 더 조심해야 한다. 뭔가를 더 해주려고 애쓰기보다, 내가 지금 해주고자 하는 것이 사실은 나의 욕심과 불안을 아이에게 투사하려는 것이 아닌지 생각해야 한다. 그러니 십대 이후부터는 '뭔가를 더 해주겠다는 욕심을 버리고, 묵묵히 지켜보는 자제력을 키우는 것'을 목표로 삼아야 한다. 그리고 부모가 제시하는 선택들이 틀릴 수도 있고, 부모도 완벽한 사람이 아니라는 것을 인정하는 모습을 보여주어야 한다. 한마디로 부모 또한 빈틈이 있는 사람이라는 점을 알려줘야 한다. 그래야 아이 또한 자신이 실수할 수 있다는 점을 받아들이고 인생을 두려워하지 않고 모험과 도전을 즐기는 사람으로 자라날 수 있다.

그러다가 지치고 다쳤을 때, 힘이 들어서 휴식이 필요할 때 부모에게 돌아오면 된다. 그때 부모는 담요가 되어 지친 아이의 몸과 마음을 감싸주고, 항구가 되어 험한 바다를 잠시 피할 수 있게 해주는 항구 역할을 하면 된다. 바로 이것이 세상 그 누구도 대신하지 못하는 부모의 결정적 역할이다.

다 잘해주고 싶은데
마음처럼 안 돼요

+++

완벽한 부모는 아이에게 재앙이다

"뭐해? 뭘 또 사려고?"

밤늦게 들어온 원희 아빠가 컴퓨터 모니터를 뚫어지게 바라보며 뭔가를 검색하고 있는 아내에게 말했다.

"사긴 뭘 사, 원희 학원 때문에."

"이번 학기엔 안 보내기로 했잖아. 원희도 혼자 해보겠다고 했고. 그런데 왜?"

"그래, 나도 알아. 그런데 오늘 명진이 엄마랑 학원 설명회에 다녀왔는데, 암만 해도 내가 크게 착각하고 있는 게 아닌가 싶어서. 괜히

애 말만 믿고 학원 끊었다가 나중에 망하면 어떡해."

"에이, 그런 게 어디 있어. 해보기로 했으면 일단 해봐야지."

"안 돼. 불안해서 잠이 안 와. 아무래도 학원에 다시 보내야 할 것 같아. 빨리 신청하면 지금이라도 받아주는 데가 있을 거야."

원희 부모는 나름 소신이 있고 주관이 뚜렷한 편이다. 그래서 자기주도학습이 필요하다고 믿고 있다. 원희와 상의해서 이번 학기부터는 학원을 모두 끊고 원희 스스로 공부하기로 합의한 것도 그 때문이었다. 원희도 학원에서 공부하는 것보다 혼자 계획을 세워 공부하는 게 편하다고 했다. 조금 불안하긴 했지만, 이렇게 끌려다니듯 학원을 다니는 것은 분명 아닌 것 같다는 점에 세 사람 모두 합의했던 터였다. 그런데 그렇게 굳게 다짐했던 원희 엄마의 믿음은 단 한 번의 학원 설명회와 동네 엄마들과의 점심 식사로 와장창 무너져버렸다.

성실한 부모가 더 많이 흔들린다

부모는 아이가 자라는 내내 불안하다. 아이가 잘못될까 봐 불안하고, 아이를 제대로 키우고 있는 건지 불안하다. 게임은 하다가 잘못되면 처음부터 다시 시작하면 그만이지만 아이 키우는 일은 그럴 수도 없으니 답답할 따름이다. 첫 아이에게 했던 실수를 둘째에게는 절대 하지 않으리라 다짐해보지만, 막상 둘째를 키워보면 성격도 상황도 모두 달라, 또다시 새로운 불안이 엄습한다. 그럴 때면 아이를 얼르고 달래면서 어떻게든 더 좋은 것을 주려고 최선을 다하지만 정작 아이는 "제발 나를 가만히 놔두세요!"라며 반항하기 일쑤다. 한번 주저앉으면 영원히 따라잡지 못한다는데, 아이와 실랑이를 할 때마다 가슴이 철렁 내려앉는 것 같고, 두근두근 뛰는 심장을 가라앉히기도 어렵다.

열심히 성실하게 사는 부모일수록 많은 불안을 경험하는데, 대개는 그 불안을 아이에게 뭔가를 더 해주려고 노력하는 식으로 극복하려 한다. 뭐라도 하고 있어야 덜 불안하기 때문이다. 의도적으로 아이를 방임하는 부모들도 있다. 불안을 맞닥뜨리지 않기 위해 아이의 현재 상황을 회피하는 것이다. 이들은 '아무것도 시키지 않고 아이가 하자는 대로 내버려두는 것'이 부모가 할 수 있는 최선의 방법이라고 합리화한다. 정말 그럴까? 정답부터 말하자면, 양쪽 모두 불안을 제대로 보지 못하고, 다루지 못하고 있다.

부모는 우산이 되어야 한다

아이를 키울 때 느끼는 불안의 대부분은 '앞날에 대한 걱정'이다. 앞날을 걱정하고 미리 대비하는 것은 인간의 본성이다. 그렇지만 걱정이 지나칠 경우 '현재를 즐기지 못하는' 사태가 발생한다. 그리고 사람은 불안을 오랫동안 마음속에 간직하지 못한다. 힘들고 괴롭기 때문이다. 그래서 그 불안을 다른 곳으로 떠넘긴다. 양육 스트레스와 불안을 아이에게 떠넘기면 부모는 일시적으로 편안해진다. 그래서 더 좋은 학원에 보내고, 아이가 게을러지지 않도록 닦달하고, 쉴 틈 없이 뺑뺑이를 돌리면서 학원까지 차로 태워주고, 차 안에서 도시락을 먹이면서 학원 수업이 끝날 때까지 기다리는 것을 마다하지 않는다. 부모는 그것을 '정성을 들인다', '노력한다'라고 표현한다. 뭔가에 몰두하고 있을 때, 남들이 하는 것을 나도 하고 있을 때는 불안하지 않기 때문이다. 하지만 아이는 당장 필요하지도 않은 공부를 지나치게 하느라 정작 그 나이에 누려야 할 재미와 행복은 경험하지 못한 채 공부하는 기계로 자란다.

부모는 불안이라는 비가 내릴 때 그 비를 대신 맞아주는 우산이 되어야 한다. 학원 강사나 다른 부모들이 "지금 진도를 끝내지 않으면 애 망쳐요", "아직도 그걸 해요? 우리 애는 벌써 한참 전에 시작했는데"라며 불안을 조장하는 말을 해도 흔들리지 말아야 한다. 그들도 사실 자신의 불안을 다른 부모들에게 투사하는 것일 뿐이니까. 부모가 그 불안을 아이 대신 맞아주면 아이는 부모 아래에서 편안함과 여유를 느낄 수 있다. 실제로 아이가 십대에 접어들면, 그때부터 부모가 해줄 수 있는 것은 현저히 줄어든다.

아이와 함께 서울역을 지나가던 한 여성이 어느 노숙자를 보고 아이에게 이렇게 말했다. "너, 공부 열심히 안 하면 나중에 저렇게 되는 거야."

공부를 못하면 다 노숙자가 되는가? 이렇게 아이에게 불안감을 조성하며 겁을 주는 것은 사실 노숙자를 보면서 느낀 부모의 불안을 아이에게 전가시키는 것에 불과하다. 눈앞에 존재하지도 않는 면 미래를 그리면서 아이에게 불안을 떠넘기는 행위, 얼마나 비겁한가?

인생이란 원래 불안하고 불확실한, 결코 완전할 수 없는 비포장도로와 같다. 하지만 그 사실을 인정하지 못할 때 우리는 불안해지고, 현재에 만족하지 못하고, 아이의 잘하는 면 대신 부족한 면만 눈에 들어온다.

부모의 신세 한탄, 아이에겐 공포 그 자체

부모와 아이가 많은 대화를 나누고 감정을 교류하는 것은 반드시 필요하고 아주 중요한 일이다. 현실적인 걱정거리를 나누는 것도 좋다. 아이가 공부하는 데 방해가 되지 않을까 염려하는 부모들이 많지만, 아이에게 고민을 털어놓으면 오히려 아이는 자신이 가족의 당당한 일원이라 느낀다. 또한 자신의 의견을 내는 과정에서 '한 표를 행사했다'는 자신감을 갖게 되며, 부모와 함께 고민하고 문제를 해결하는 과정에서 부모를 자신과 동일시하고 존경의 대상으로 여긴다. 그러니 아이가 감당할 수 있는 수준으로 자신의 고민을 적당히 털어놓으면서 아이들로 하여금 '우리 부모님은 힘들어도 열심히 노력하며 사시는 분들이구나'라는 걸 느끼게 해야 한다. 그게 부모가 할 일이다. 그런데 주의할 것이 있다. 고민을 말할 때 아이에게 신세 한탄을 하는 식으로 자신의 불안을 드러내면 안 된다. 예를 들면 이렇게 말하는 것이다.

"엄마가 지금 너 학원 보내느라 등골 휘는 거 알기나 해? 엄마는 옷 한 벌 제대로 못 사 입고 있어."

"엄마가 죽는 꼴을 봐야 네가 정신을 차리지? 어휴, 힘들어 죽겠어. 이놈의 자식이 뭔지."

자신도 안고 가지 못할 막연한 두려움을 아이에게 신세 한탄하듯 쏟아 부어서는 안 된다. 부모 입장에서는 그저 '과장해서 표현한 것'일 뿐이지만, 대부분 아이들은 부모의 신세 한탄이나 우울감의 표현을 훨씬 심각한 현실로 받아들여, 불안하고 부정적이고 비관적인 생각에 사로잡히기 쉽다. 이런 일이 반복되면 아이는 자신이 빨리 커서 부모를 돌보아야 한다는 책임감에 시달린다. 자신의 인생을 살지 못하거나, 우울증에 걸리거나, 난파선을 탈출하듯 하루 빨리 부모로부터 벗어나야 자신이 살 수 있다고 판단할 수도 있다.

대세에 지장이 없다면
버텨보자

성실하게 열심히 살아온 부모일수록 미래에 대한 불안, 아이에 대한 불안을 느끼면 뭔가를 더 해주려고 애를 쓴다. 하지만 이제는 그 불안을 더 큰 자제력으로 억제해야 한다. '해주고 싶은' 욕심을 '지켜보며 버티려는' 마음으로 바꾸어야 한다. 이것이 일시적으로는 부모를 더 불안하게 만들겠지만, 아이가 자기 문제를 스스로 해결해 나가는 과정을 지켜보는 것이 더 중요하고 필요하다. 또한 지금 당장 뭔가를 해준다고 해서 결과가 크게 달라지지 않는다는 점을 확인하면, 다음에 비슷한 일이 생겼을 때 불안을 덜 느낄 수 있다. 불안을 견디는 부모의 능력이 강해지기 때문이다. 역설적이지만, '대세에 지장 없는 일이라면 한번 버텨보자'라는 태도를 통해, 불안은 더 잘 통제된다.

완벽해 보이는 부모는 그 자체로 재앙이다

부모는 아이에게 좋은 모습, 본받을 만한 모습만 보여주고 싶어 한다. 물론 거의 모든 부모는 아이보다 훨씬 성숙하고 완성된 인격체다. 하지만 아이들이 어느 정도 자라면 우리 부모가 절대 완벽하지 않다는 점을 자연스럽게 이해하기 시작한다. 아니, 그래야 한다. 사실 아이에게 완벽해 보이는 부모는 그 자체로 재앙이다. 부모가 실수도 하고 그걸 인정하는 모습도 보여야 아이도 실수를 두려워하지 않고 도전할 용기를 얻는다. 너무나 완벽한 부모 밑에서 자라면 아이는 실수에 대한 두려움이 지나치게 커지거나, 부모를 넘어설 용기 자체를 내지 못해 평생 부모의 그늘 아래에서 살면서 인정받는 것에만 집착하게 된다.

그러니 아이와 논쟁을 할 때 부모의 허점을 공격한다고 발끈하거나, 부모의 단점을 언급한다고 자존심 상할 필요가 없다. 아이는 이제 세상의 다른 어른들과 자기 부모를 충분히 비교할 수 있다. 그러니 부모가 먼저 자신의 단점을 인정하고 받아들인다면, 아이도 자신의 단점을 무조건 부정하거나 남 탓, 상황 탓으로만 돌리지 않고 변화하려 애쓸 것이다. 단점이나 약점을 들킨다고 해서 아이가 자신을 무시하면 어쩌나 불안해하지 말라. 아이는 그런 불안을 감춘 채 애써 강한 척, 센 척하는 부모보다, 완벽하진 않지만 삶의 불안과 불완전함을 딛고 어떻게든 잘 살아가려 노력하는 '어른 사람'인 부모를 보고 싶어 한다. 또한 그런 모습을 보여주는 것이 부모가 할 일이다. 그래야 아이도 진짜 어른으로 성장해 나갈 수 있기 때문이다.

아이를 키우는 일은 끊임없는 불안의 연속이다. 하지만 부모가 그 불안을 아이에게 고스란히 떠넘기지 않고 우산이 되어준다면, 부모 자신도 한층 성숙한 사람이 될 것이고 아이 또한 불필요한 스트레스에 시달리지 않고 하루하루를 즐겁게 보내면서 건강한 성인으로 자라날 수 있다. 아이 때문에 불안해하면서 사는 부모는 불쌍한 존재다. 자기 인생을 즐기는 방법을 잊어버렸기 때문이다. 자신의 삶을 즐기면서 열심히 살아간다면 아이로 인한 불안은 크게 줄어든다. 아

이를 필요로 하지 않는 부모가 진짜 아이를 위하는 부모다. 그러니
이제부터 불안이라는 비를 대신 맞아주는 우산이 되도록 노력하자.

2부

빈틈은
성장이다

우리 애는 포기했어요.
아니, 도저히 포기가 안 돼요

+++

…'확장된 자아'가 아닌 '온전한 자아'로 바라보기

"아휴, 나도 모르겠어요. 이젠 정말 다 내려놨어요."

진경 씨는 아들 수현이 때문에 애가 탄다. 공부를 곧잘 하던 수현이가 갑자기 학원을 다니지 않겠다고 선언했기 때문이다. 처음엔 공부에 집중하느라 지친 건가 싶어 잠시 쉬어도 좋다고 했다. 멀쩡하던 아이가 갑자기 집에서 하루 종일 뒹굴뒹굴하는 게 영 못마땅했지만 그동안 너무 몰아붙였던 것 같아 미안한 마음도 있었기에, 당분간은 두고 보기로 했다. 하지만 성적이 조금씩 떨어지기 시작하면서 진경 씨는 불안해졌다. 특별히 나쁜 친구들과 어울리는 건 아니지만,

학교에서 돌아오면 온종일 자기 방에 틀어박혀 있으니 답답해 미칠 것 같다.

"에이, 난 벌써 예전에 포기했어."

"맞아. 난 더 내려놓을 것도 없어. 그래도 수현이는 그동안 해온 게 있으니 빨리 정신 차릴 거야, 너무 걱정하지 마."

한숨을 푹푹 내쉬는 진경 씨에게 친구들이 위로의 말을 건넸지만, 전혀 들리지 않는다. 하루 종일 집에 있는 모습을 보는 것만으로도 속이 상하는데, 두 달이 지나도 수현이는 다시 공부에 매진할 생각을 하지 않는다. 최근 시험 성적이 생각보다 많이 떨어지지 않은 것만으로도 다행이라고 여겨야 하나. 중학생 때는 특목고도 고려해볼 정도로 공부를 잘했는데, 이만저만 속상한 게 아니다. 조금만 더 노력하면 될 것 같은데 왜 안 하는 걸까? 이런 상황에서 마음을 다스리는 방법은 한 가지 뿐이었다.

'다 내려놓자, 다 내려놓자……'

다행히 시간이 흐르면서 수현이는 조금씩 안정을 되찾았다. 그러자 진경 씨는 다시 다급해져서, 그동안 뒤처졌던 부분을 따라잡기 위해 과외를 시킬지 새로운 학원을 보낼지 고민하기 시작했다. 얼마 전까지만 해도 정신과 상담까지 받으려던 진경 씨였다. 수현이가 그저 학교를 잘 다니고 가족들과 함께 식사를 하고 갑자기 폭발하지 않는 것만으로도 감사하던 마음은, 아이가 예전처럼 밝은 모습을 보이는 순간 온데 간데 사라져버렸다.

하지만 진경 씨는 지금도 친구들을 만날 때마다 "난 다 내려놨어"라고 말한다. 진경 씨는 과연 '무엇'을 다 내려놓았다고 생각하는 것일까?

"다 내려놨어요, 개미 눈물만큼요"

많은 엄마들이 아이가 기대에 미치지 못할 때 습관적으로 '나는 다 내려놨다'고 말한다. 나는 엄마들이 그렇게 말할 때의 표정을 찬찬히 관찰하는 편이다. 그런데 대부분 엄마들이 이렇게 말할 때 아주 복잡 미묘한 감정이 드러나곤 한다. 실망스러움과 짜증과 허탈감. 그러면서도 한편으로는 '우리 아이가 지금이라도 정신만 차리면 소위 '포텐'이 터져서 대역전을 하지 않을까'라는 실낱 같은 기대감에 차 있는 것을 볼 수 있다.

나는 이런 말을 들을 때마다 안타까운 마음이 들어 일단 공감한다. 하지만 진경 씨의 사례에서 보았듯 본인이 도대체 무엇을 내려놓았는지도 제대로 모르는 상태에서 무조건 내려놓았다고 말하는 것은 일종의 자기최면인 경우가 많다.

'다 내려놓는다'라는 말에서 가장 중심이 되는 것은 부모의 소망이다. 부모들은 일반적으로 아이가 뭔가를 성취하기를 기대한다. 부모마다 약간의 차이는 있지만 그 기대치는 대개 일정한 수준을 유지하고 있으며, 부모는 자신의 아이가 그 수준에 도달하기를 바란다. 아이가 아직 어릴 때에는 그 정도 수준은 충분히 달성할 수 있을 것 같아서 내심 기대를 한다. 혹시 우리 아이가 다른 아이들보다 빨리 걷고 말도 빨리 배우고 숫자도 금방 알면, 부모들은 대부분 크게 기뻐하며 아이가 달성할 수 있는 미래 중 가장 멋진 미래를 상상한다. 그러다가 시간이 지나고 아이의 실제 능력을 인지하면서 현실적인 수준으로 기대치를 수정해 나간다. 그래도 마음 한구석에는 '혹시나' 하는 기대가 남아 있기 때문에 더 열심히 아이를 가르치고, 시간을 관리해주고, 더 좋은 학원에 보내면 그 기대가 이루어질지도 모른다고 믿는다. 부모 자신이 성실하게 살아왔거나 지금 누리고 있는 사회적, 경제적 성취가 젊은 시절 노력의 결과물이라고 믿을수록 이런 기대는 강한 편이다. 그래서 입으로는 내려놓는다고 하지만 실제로 내려놓는 몫은 아주 조금밖에 되지 않는다.

부모는 에베레스트에, 아이는 설악산에

많은 부모들이 아이에게 바라는 수준은 에베레스트산 정복이다. 등산을 시작했으면 그 정도는 올라야 한다고 생각한다. 그러다가 현실을 맞닥뜨리면 "다 내려놨어"라며 기대치를 낮추지만, 여전히 히말라야를 벗어나지 못한 상태다. 이왕 등산을 할 거면 적어도 마나슬루나 K2는 정복해야 한다고 생각하는 게 부모들의 솔직한 바람이다. 현실적으로는 등산인 대부분이 설악산이나 지리산 등반으로도 충분히 만족할 수 있고, 또 그 정도가 노력해서 달성할 수 있는 실현 가능한 수준인데도, 에베레스트산과 설악산의 간극을 받아들이지 못해 아이를 다그치고, 만족하지 못하며 조바심을 낸다.

기대치를 현실화하지 못하는 이유는 더 잘할 것이라는 구체적인 근거가 있어서가 아니다. 그 차이를 인정하는 것이 괴롭기 때문이다. 기대치와 현실 사이의 괴리가 클수록 마음의 고통은 강해진다. 정신분석가 비브링(Bibring)은 이상적 목표인 자아이상(ego-ideal)과 현실 사이의 괴리가 크고 그 차이를 좁힐 수 없다는 사실을 직면하는 것이, 우울증의 심리적 원인 중 하나라고 했다. 저 높은 곳에 가고 싶은데 아무리 노력하고 애를 써도 결코 도달할 수 없다는 사실을 깨닫고, 이를 현실로 받아들이는 것은 참으로 힘든 일이다. 이런 이유로 우울증을 앓는 사람들의 특징은 자아이상이 지나치게 높거나 자신이 갖고 있는 현실적 가치를 너무 과소평가해서, 둘 사이의 간격을 실제보다 훨씬 크게 인식한다는 것이다. 그래서 이런 사람들을 치료할 때도 둘 사이의 간격을 적절한 수준으로 재조정하는 것부터 시작한다. 그런데 이런 괴리감은 우울증 환자들에게만 나타나는 증상이 아니다. 사실 사람이라면 누구나 어느 정도의 기대와 실망을 안고 살아간다. 그것이 없다면 스스로 노력해서 뭔가를 얻고자 하는 욕구, 열정, 삶의 에너지 같은 것들은 우리 삶에 존재하지 않을 것이다.

기대치와 현실 사이의 괴리에서 비롯되는 우울감은 '가만히 있지 못한다'는 특징을 지닌다. 프로이트는 우울감이란 자신을 향한 공격성이라고 했다. 우울감은 죄책감으로 변해 자학하게 만들고, 선글라스를 끼고 세상을 바라보듯 현실을 어둡게 비춘다. 상황을 실제보다 훨씬 부정적으로 해석하거나 모든 문제를 자기 탓으로 돌리기도 한다. 부모는 아이에게 잘해주지 못했다는 죄책감을 갖는데, 그 죄책감은 더 열심히 하면 될 것이라는 믿음으로 조금, 아주 조금 줄어들 수 있다. 그런데 부모가 공부를 대신 해줄 수는 없으니 더 좋은 학원을 찾아주는 것으로 아이에게 생기는 죄책감을 덜려 한다.

이쯤에서 부모의 '다 내려놓았다'라는 말을 다른 시선으로 바라볼

엄마의 빈틈이 아이를 키운다

필요가 있다. 단순히 부모의 문제로 끝나는 것이 아니라 아이의 문제로 이어지기 때문이다. 부모의 기대치가 단지 자신의 인생에서 성공, 성취, 행복을 이루기 위해 겪는 문제라면 자신을 잘 다스리면 되는 일이다.

하지만 부모의 아이에 대한 기대치는 자신이 원하는 소망을 아이가 대신 이뤄주기를 투사하는 것이다. 투사란 자기 내면의 욕망을 무의식적으로 다른 대상에게 적용하는 방어기제의 하나다. 투사를 하면 내 안에 담아놓지 않아도 되니 당사자는 편안하다. 투사된 욕망이 실현되지 않으면 상대를 탓할 수 있으니 편리하기도 하다. 그런데 우리나라의 부모와 자식 관계에는 한 가지 문제가 더 있어서 상황이 복잡해진다.

우리나라 부모들에게 아이는 분신, 즉 '확장된 자아(extended ego)'인 경우가 많다. 아이가 부모를 동일시하는 것은 정상적인 발달과정의 일부이지만, 부모가 무의식중에 아이를 자신의 일부로 생각하고 대하는 경향은 우리나라에서 특히 강하다. 그래서 아이의 성공을 자신의 성공으로, 아이의 실패는 자신의 실패로 여겨 울고 웃는다. 당사자인 아이보다 더 아파하고 힘들어하는 경우도 많다. 아이를 자신의 욕망을 대신 이뤄줄 '또 다른 나', 즉 부모의 팔다리의 확장된 버전 정도로 인식하고 있으니, 아이는 지금의 실패만 아파하지만 부모는 그 욕망을 이루지 못했던 자신의 과거와 미래까지 내다보니 더더욱 아플 수 밖에 없다.

그러니 부모 입장에서 내려놓는다는 것은 아이, 즉 한 인격체에 대한 기대치를 낮추는 수준이 아니라 '욕망을 포기하는 일'이자 '내 확장판의 완성도를 낮추는 일'이며 '인생의 성적표'가 만족스럽지 않을 것이라는 점을 인정해야 한다는 의미와 같다.

'다 내려놓는다'의 또 다른 의미는 부모가 자기 마음을 중심으로 아이를 바라본다는 것이다. 아이는 항상 그 자리에 있다. 그런데 부모 혼자 마음속으로 아이에 대한 기대치를 올렸다 내렸다 하면서 하루에도 몇 번씩 일희일비하고 있다. 성적이 조금 오르면 기대치를 확 올렸다가, 아이가 지치거나 노력한 만큼 성적이 오르지 않으면 곧바로 크게 실망한다. 아이가 이런 부모 마음의 변화를 과연 감지하지 못할까? 아이는 부모의 기대에 부응하는 것을 중요하게 여긴다. 하지만 그 기대를 충실히 실현할 수 있는 아이는 아주 운이 좋은 소수일 뿐이다. 아이는 이미 친구들과 자신을 비교하면서 자신의 가치를 매기고 있는데 부모마저 아이를 통해 자기 삶의 성적을 매긴다면, 결국 남는 것은 상처투성이인 부모와 아이뿐이다.

아이에게 가장 필요한 부모의 조건

이런 문제의 해결책은 아이에 대한 근본적인 태도의 전환에서 찾아야 한다. 아이에 대한 기대치의 충족 정도에 따라 자기 인생의 가치를 매길 정도로, 자신의 삶을 포기하면서까지 아이에게 집착하는 것만은 피해야 한다.

《부모 혁명 스크림프리》의 저자 핼 에드워드 렁켈(Hal Edward Runkel)은 '아이에게 가장 필요한 부모는 아이를 필요로 하지 않는 부모'라고 했다. 아이에게 가장 필요한 것은 자신을 통해 욕망을 충족시키는 부모가 아닌, 아이 스스로 자신만의 삶과 가치를 지닌 독립된 인격체임을 깨닫는 것이라는 뜻이다. 아이는 부모로부터 인정받기 위해 태어나는 게 아니다. 육아의 목적은 아이가 사회의 한 구성원으로 독립적인 삶을 잘 살아갈 수 있도록 하는 것이다. 그러기 위해서는 부모가 자신의 욕망을 거두고 아이를 있는 그대로 인정하려는 태도를 가져야 한다.

물론 말처럼 쉽지 않다는 것을 잘 안다. 오랫동안 유지해온 방식을 하루아침에 바꾸는 것은 보통 일이 아니다. 아이 스스로 생각할 여유를 주고 자신의 길을 찾을 때까지 마냥 기다리다가 너무 뒤처져버려,

어른이 돼서도 앞가림조차 제대로 못하면 어쩌나 하는 불안이 생기는 것은 당연하다. 이것이 바로 '방향이 다른 불안'이다.

하지만 아이의 인생은 아이의 것이다. 내가 낳았지만 아이는 독립된 존재라는 점을 인정해야 한다. 헬 에드워드 렁켈은 '부모가 아이의 삶을 책임지고 있다'는 말이 자녀교육에서 가장 해로운 거짓말이라고 했다. 분명 부모는 아이의 인생에 많은 영향을 미친다. 하지만 객관적으로 부모가 아이에게 해줄 수 있는 것은 결코 많지 않다. 아이는 자신의 토양에서 자라난다. 옆에서 물을 주고 뜨거운 햇빛을 가려줄 순 있지만, 그 정도 선에서 멈추고 스스로 자라는 모습을 옆에서 지켜보면서 기뻐하는 것이 부모의 역할이다. 얼마나 빨리 자라는지, 어떤 열매를 맺는지, 그 열매가 얼마나 크고 싱싱하게 자라는지는 아이라는 밭에 달려 있다. 이 어려운 일을 함께 해나가는 과정에서, 아이가 자라듯 부모도 성장하는 것이다.

누구나 세상을 통제하고 싶어 한다. 세상이 내가 원하는 방향으로 움직여주기를 바란다. 그러나 세상은 불완전하며 그 무엇도 완벽하게 통제할 수 없다는 것을, 이미 살아봐서 잘 알고 있다. 그럼에도 불구하고, 아니 그렇기 때문에 더더욱 아이의 삶이 자신의 바람과 기대에 맞게 안전한 방향으로 나아가기를 바란다. 하지만 아이는 통제할 수 있는 대상이 아니며, 아이에 대한 기대 또한 어디까지나 부모의 기대일 뿐, 아이 자신의 목표가 아니다. 기대한다는 것은 방향을 정한다는 것이다. 그래서 내려놓기가 막막하고 두려워진다. 아이에게 기대하는 마음만으로 충분하니, 일희일비하지 말자. 그래야 아이의 말과 행동에 쉽게 휩쓸리지 않을 수 있다. 아이가 잘못되는 것보다 무서운 건 자신이 부족한 엄마여서 아이를 망치고 있다고 여기는 좌절감이다. 아이를 키우는 것은 누구에게나 참으로 어려운 일이다. 그러니 필요 이상의 압박감에 시달리거나 막막해할 필요는 없다. 아이에게 쏟을 에너지를 이제는 부모 자신의 삶에 쏟으려고 노력하자. 부모가 하루하루 즐겁게 살면서 자신의 일상에 만족하는 것만큼 좋은 자녀교육은 없다.

이젠 "다 내려놨다"는 말을 하지 말자. 내려놓지도, 올려다보지도 말자. 아이는 언제나 그 자리에서 자신의 길을 묵묵히 가고 있다. 부모가 할 일은 왜 여기까지밖에 못 왔냐고 잔소리하고 스트레스를 주는 것이 아니라, 아이 옆에서 손뼉을 치며 응원하는 것이다. 이기고 있건 지고 있건 상관없이, 언제나 아이와 같은 편이 되어 끝까지 등 돌리지 않고 결승선까지 가줄 사람은 부모밖에 없다.

입만 열면 "됐어", "몰라"래요

+++

제2의 분리-개별화 과정이 시작된다

은정 씨는 아들 종석이의 수학 성적이 자꾸 떨어져서 걱정이다. 수학에 소질이 있는 편이라 지금까지는 점수가 제법 잘 나왔는데, 중3이 되자 확실히 격차가 벌어지기 시작했다. 지금까지는 혼자 공부해도 걱정이 없었는데 이제는 도움을 좀 받아야 할 때가 온 것 같다.

"종석아, 여름 방학 때 수학 학원에 다니면 어떨까? 성적이 많이 떨어져서 엄마는 걱정이 많이 돼."

"아, 됐어. 그냥 영어 학원만 다닐래. 수학은 알아서 할게."

종석이는 영어 학원의 레벨 테스트를 통과하지 못해 수업이 끝나

엄마의 빈틈이 아이를 키운다

고도 나머지 숙제를 하고 온 터라 기분이 좋지 않았다. 가뜩이나 기분도 나쁘고 배도 고픈 상태로 집에 왔는데, 엄마가 다짜고짜 수학 얘기를 꺼내니 짜증이 난다.

"어쩌려고 그래? 이러다가 수학은 반에서 중간도 못하겠다. 초등학교 경시대회 때 실력이 아직까지 남아 있는 줄 알아?"

"아이 씨, 내가 알아서 한다잖아! 배고파! 밥 줘!"

종석이는 문을 쾅 닫고 들어갔다. 사실 종석이도 수학 점수의 심각성을 알고 있었다. 그렇잖아도 방학 때 수학 공부를 해야겠다고 생각하고 있는데 엄마가 먼저 치고 나오니, 자신도 모르게 화가 나 안 하겠다고 해버린 것이다.

은정 씨는 은정 씨대로 요즘 종석이 태도가 마음에 들지 않는다. 분명 더 늦기 전에 수학에 신경을 써야 하는 상황이고 종석이도 그 정도는 알고 있을 텐데, 왜 저렇게 삐딱선을 타는지 모르겠다. 요즘 아들을 보고 있으면 저 녀석이 내 배로 낳은 아들이 맞는지 의심스럽기까지 하다. 고3이 돼서야 엄마 말 안 들은 걸 땅을 치고 후회할까 싶어 한숨이 절로 나온다.

왜 아이들은 십대가 되면 부모 말에 다짜고짜 "싫어", "몰라", "안 해"부터 하는 것일까? 아이들이 어릴 때는 부모 말이 마음에 들지 않아도 일단 따른다. 이유는 몰라도 부모가 시키는 것이니 옳은 일이고, 부모의 지시를 잘 따르는 것이 사랑과 인정을 받는 길이라고 생각하기 때문이다. 하지만 십대가 되면 달라진다. 부모의 방식이 가장 적절한 답이라 생각해도 일단 짜증을 내고, 부모가 제시하는 답은 답이 아니라고 말하고 싶어지는 것이다.

그러다 보니 부모의 말이라면 "하늘이 파랗다" 해도 "꼭 그렇다는 보장이 어딨어요? 빨갛게 보이는 사람도 있죠"라며 말꼬리를 잡고 싸우기도 한다. 이러니 부모 입장에서는 십대 아이와 말다툼을 하는 것이 여간 힘들 수밖에 없다. 하지만 이건 단순한 논쟁이나 토론이 아니라 아이의 발달과정에서 꼭 거쳐야 하는 중요한 단계다.

나는 누군가, 또 여긴 어딘가

청소년기에서 가장 중요한 발달 과제를 꼽으라면 '정체성의 형성'이라 할 수 있다. 정체성이란 '내가 누구이며, 어디에서 와서 어디로 가는지' 정확히 인식하고, '다른 사람들과 구분되는 존재로서의 나'라는 개념을 내 안에 뿌리내리는 일이다. 물론 이 문제는 성인이 되어서도 여전히 삶의 화두가 된다. 그렇지만 누군가와 다른 존재가 되어야겠다는 뚜렷한 목적의식이 생기는 시기는 청소년기다. 그동안 아이의 마음 안에 있던 삶의 태도, 옳고 그름에 대한 판단기준은 부모로부터 물려받은 것이었다. 부모가 하지 말라는 행동은 하지 않고 시키는 것을 하면 충분했다. 사실 부모가 제시하는 대부분의 판단기준은 사회인으로 별 탈 없이 생활하는 데 유용하다.

하지만 십대가 되고 '나만의 것'을 만들어야겠다는 결심이 강해지면서 문제가 생긴다. 이 시기에 아이는 이런 생각을 하게 된다.

'그동안 나는 뭘 하면서 살았지? 지금껏 엄마 아빠가 하라는 대로만 하면서 살았잖아. 그럼 나는 엄마 아빠의 복제인간이나 다름없었던 거네.'

아이들 입장에서 얼마나 큰 충격이겠는가. 그러니 마음이 급해져서, 하루라도 빨리 나만의 것을 만들어야겠다는 조바심이 이성적 판단을 흔들어댄다. 시작은 그동안 집이나 학교에서 제시해준 기준을 모두 부정하는 것이다. 하지만 너무 예전부터 알고 있었거나 누가 봐도 당연한 사실인 것들조차 부정하고 거부하기란 어려운 일이다. 그러니 우선 일상적으로 발생하는 일들의 판단 기준에 태클을 걸기 시작한다. 부모가 제시하는 답에 부정적 태도를 취하는 것이다. 그것이 옳은지 그른지는 나중에 판단할 문제고, 일단 아니라고 말하기 시작한다. 밖이 추우니 긴 옷을 입고 나가라고 하면 밖에서 달달 떠는 한이 있어도 짧은 옷을 골라 입는다. 우산을 갖고 가라고 하면 일부러 두고 나간다. 좋아하는 텔레비전 프로그램을 같이 보자고 해도 "나 그거 싫어해"라며 방에서 나오지 않는다. 외식 메뉴를 정할 때도 평소 좋아하던 탕수육을 먹자고 하면 "싫어, 깐풍기 먹을래"라고 말하고 싶어진다.

이런 행동이 반복되니 부모는 미칠 지경이다. 다 컸다 싶은 아이가 갑자기 엉뚱한 판단을 하고, 말도 안 되는 행동을 하니 말이다. 분명히 이게 답이고 이렇게 하는 게 옳은데도 아이는 막무가내로 아니라고 우기니, 어떤 말도 통하지 않는 것처럼 느껴진다.

그런데 이런 과정을 반복하면서 아이도 괴로워한다. 머리로는 분명 긴 옷을 입고, 우산을 들고 나가는 것이 옳다고 생각한다. 하지만 그랬다가는 평생 부모의 뜻대로 살게 될 거라고 스스로를 다그친다. 그러니 지금 당장 손해를 보더라도 일단 아니라고 우기면서 부모의 뜻에 반하는 행동을 하려고 한다. 그래야 부모의 울타리 밖에 자기만의 영역을 만들 수 있으니까. 이것은 무척 괴로운 일이지만, 꼭 필요한 과정이라는 것을 본능적으로 느끼고 행동하는 것이다.

아이는 전두엽보다 편도로 먼저 반응한다

이와 같은 변화는 뇌의 발달과도 관련이 있다. 뇌에는 감정을 처리하고 공포나 공격적인 행동에 본능적으로 반응하는 편도(amygdala)와 이성적 판단을 하고 충동을 억제하는 전두엽(frontal lobe)이라는 부위가 있다. 우리 뇌의 발달과정을 보면 편도는 일찍 발달하고 전두엽은 상대적으로 늦게 발달한다. 그래서 문제를 판단하고 결정할 때 아이의 뇌는 성인의 그것과 다른 방식으로 반응한다. 감정을 다루는 편도가 이성을 다루는 전두엽보다 주도적 위치를 차지하기 때문에, 성인에 비해 감정적, 충동적으로 반응하고 판단하는 경향이 더 큰 것이다.

하버드 의과대학 맥린 병원에서 이와 관련한 실험을 했다. 십대와 성인을 대상으로 인물 사진을 보여주고 공포 반응을 보이는 얼굴을 찾게 하면서 기능성 MRI로 뇌의 활동도를 관찰했다. 그 결과 성인은 정확하게 공포 반응을 보이는 얼굴을 찾았고, 이때 성인의 뇌에서는 이성적 판단을 하는 전두엽이 활성화되었다. 하지만 십대의 뇌에서는 전두엽이 아닌 편도가 활성화되었다. 감정적으로 반응했기 때문에 정확한 답을 일관성 있게 찾아내지 못한 것이다.

때로는 져주고, 때로는 틀린 답을 말하기

아이는 지금 자기 정체성을 찾기 위한 여행을 시작했다. 하지만 그 과정에서 감정이라는 물결에 휩쓸려 쉽게 출렁이고 흔들린다. 이런 아이와 이성적인 대화를 하고 합리적인 결론을 내리기란 참 어려운 일이다. 그러니 부모들이 이런 태도를 가졌으면 한다.

첫째, 답을 너무 빨리 말하지 않는다. 아이는 지금 일부러 반항하려고 부모의 말을 작정하고 부정하는 것이 아니다. 자기 세상을 만들 공간을 확보하기 위해 조언이나 충고를 거절하는 것은 독립을 위한 일종의 노력이다. 부모의 제안이 비록 옳고 확실한 답이라 해도 아이에게는 답을 얻는 것보다 내 세상을 만드는 것이 더 중요하다. 이런 심리를 이해하고, 부모의 결정이 아무리 분명한 답이라 해도 그것을 먼저 제시하지 않으려고 노력해야 한다. 자칫하면 아이가 뻔히 답을 알고 있으면서도 그것을 부정하거나, 일부러 엉뚱한 답을 고를 수 있다. 답이 아닌 것을 답이라고 우기다가 나중에 후회하거나 피해를 보는 일이 발생할 수도 있는 것이다.

둘째, 가끔은 일부러 틀린 답을 제시해보라. 황당한 소리일 수도 있지만 아이들의 현재 마음 상태와 판단의 근거를 고려하면 납득할 수 있을 것이다. 만약 맞는 답을 제시해서 아이가 그것을 받아들인다면 아이 입장에서 그 결정은 부모 것이지 자기 것이 아니다. 어렸을 때처럼 여전히 부모의 그늘 아래에서 부모의 복제품으로 살고 있다고 여기는 것이다. 그러니 부모의 뜻을 따르면서도 마음이 편하지 않고, 부모에게 복종했다고 여기기 쉽다. 이런 갈등이 일어나지 않기 위해서는 부모가 생각하기에 틀린 답, 혹은 최적이 아닌 답을 먼저 제시하는 것이 좋다. 그러면 아이는 "그건 아니에요"라면서 자기가 주도권을 쥐었다고 여긴다. 이때 부모가 옳다고 생각하는 그 답을 아이가 직접 찾아낼 수 있도록 기다려주는 것이다. 물론 쉽지 않은 일이고 부모 입장에서는 조바심이 날 수도 있다. 그렇지만 이런 과정을 통해 아이가 최선의 해답을 찾아낸다면? 그때 아이는 자신의 힘으로 부모를 뛰어넘었고 자신의 방식으로 옳은 결정을 했으며, 자기 힘으로 자기 세계를 만들어냈다고 생각한다. 그러니 그 결정을 소중하게 여기고 지키려고 애쓸 것이다. 또한 그저 부모가 시키는 대로 하면서 수동적으로 행동하던 때와는 질적으로 다른 태도를 보였다는 것을 스스로 자랑스러워한다. 어린아이일 때와 달리 십대 아이와 대화하고 결정을 내리는 과정은 참으로 어려운 일이다. 이때부터는 잘 져주는 것이 오히려 나을 때가 많다.

셋째, 아이는 일단 감정적으로 판단한다는 것을 이해한다. 그러니 기분이 나쁘거나 짜증이 났을 때, 혹은 피곤한 상태일 때 뭔가를 판단하도록 제시하지 말아야 한다. 우리도 그런 상황에서는 이성적인 판단을 하기가 어렵지 않은가. 아이들은 이런 상황에 놓이면 더욱더 감정적으로 반응했다가, 나중에는 자존심 때문에 번복하지도 못한 채 그냥 밀어붙이기 쉽다. 물론 십대 정도면 충분히 이성적 판단을 내릴 능력이 되지만, 감정적으로 판단하는 성향이 워낙 강렬하기 때문에 이성을 압도하기 쉽다. 아이들의 이러한 심리 상태를 이해하면서 대화의 타이밍을 잡는 것이 좋다.

마지막으로 아이에게 시간을 준다. 아이의 마음은 복잡하다. 감정에 휩싸이기도 하고, 부모와 자신의 관계를 재정립하는 중차대한 문제도 놓여 있다. 이성적이고 안정적인 부모의 눈에는 별것도 아닌 일로 아이가 꾸물거리고, 망설이고, 반항할 땐 답답할 수밖에 없다. 하지만 아이는 쓸데없이 반항을 하거나 생각이 없는 것이 아니라, 부모의 방식과 다른 추가 변수들이 개입해 있기 때문에 복잡한 것뿐이다. 이런 상황을 이해하고 기다려주자. 그리고 아이가 자기 입으로 결정을 내리게 하자. 부모가 생각한 최선의 답이 아니어도, 아이가 내린 결정이 최악이 아니라면 일단 존중하고 기다리면서 그것이 최선의 답이 될 수 있도록 함께 노력해보자. 선택의 시발점에서는 누구도 무엇이 최선인지 알 수 없다. 무엇이 최선의 결론인지는 결승점까지 가봐야 알 수 있다.

부모와 아이 모두에게 최선의 답을 내는 것보다 더 중요한 질문은 따로 있다. 바로 '내가 나를 설득할 수 있는가'이다. 아무리 최선인 것처럼 보인다고 해도 왜 그 답을 선택했는지 모른다면 좋은 결과를 얻기 어렵다. 그리고 '왜 그 답을 선택했는지 아는 것'보다 더 중요한 것은 '이건 내가 하고 싶어서 하는 거야'라는 믿음이다. 자신의 판단에 대한 믿음이 있어야 꾸준히 실천할 수 있고, 아이 또한 그 결정이 최선이었다고 받아들일 가능성이 커진다.

아이를 키운다는 것은 조마조마한 불안을 견뎌내는 힘든 작업이다. 때로는 져주기도 하고, 때로는 일부러 틀린 답을 내면서 아이가 심리적으로 독립해 나가는 과정을 지켜보는 일이다. 아이가 청개구리처럼 변했다는 것은, 복잡하게 머리를 써야 하는 시점이 왔다는 것을 의미한다. 부모가 고민하고 기다려주는 만큼 아이는 제자리로 돌아올 것이다.

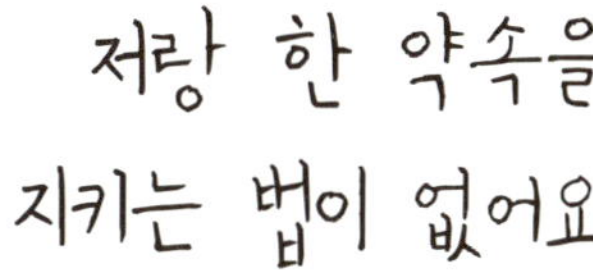

저랑 한 약속을
지키는 법이 없어요

+++

규칙을 어기는 것은 십대의 본능

"종민아, 너 지금 뭐하니?"

침대에 누워 스마트폰으로 친구들과 채팅을 하던 종민이가 화들짝 놀라 뒤를 돌아보았다. 언제 들어왔는지 엄마가 팔짱을 낀 채 종민이를 내려다보고 있었다.

"아, 엄마, 음, 그게…… 친구랑 카톡 좀 했어."

"스마트폰은 어떻게 쓰기로 했지?"

"내일 일찍 일어나야 해서, 알람 맞추느라……."

"전에도 그렇게 말해서 엄마가 어떻게 했지?"

엄마가 침대 머리맡에 놓여 있던 작은 탁상시계를 가리켰다.

"우리 집 규칙이 뭐라고 했지?"

"밤 10시 이후로는 스마트폰 사용 금지……."

"그래. 그런데 이번이 몇 번째지?"

"세 번째……."

"그럼 우리 집 규칙대로 일주일 동안 스마트폰 사용 금지야. 이리 내."

"엄마, 내가 잘못하긴 했지만…… 그래도 이건 너무한 거 아니야?"

"뭐?"

"내 친구들은 다 하루 종일 폰 쓴단 말이야. 내가 폰으로 무슨 나쁜 짓을 하는 것도 아니고, 엄마가 아들을 못 믿으면 누가 날 믿어? 그리고 우리 집만 너무 엄격해. 일주일 동안 핸드폰 없이 어떻게 살란 말이야? 용돈도 그래. 순종이 용돈은 나보다 두 배나 많아. 왜 우리 집만 불공평해? 엄마, 아빠는 맘대로 스마트폰 쓰면서 왜 나만 못 쓰게 해? 이건 말도 안 돼."

"넌 미성년자고 엄마 아빠는 어른이잖아. 이리 내. 열 셀 때까지 안 내놓으면 이주일로 늘릴 거야. 하나, 둘……."

"에이씨!" 결국 종민이는 엄마에게 핸드폰을 건네고는 이불을 뒤집어쓰고 누워버렸다.

답답한 건 엄마도 마찬가지다. 규칙을 만드는 건 종민이를 위해서인데, 오히려 종민이가 자꾸 규칙을 어기면서 구구절절 변명만 늘어놓으니 한숨만 나온다. 거짓말을 할 때도 있다. 감시하는 것도 지치고, 벌을 주는 것도 한두 번이 아니다. 벌을 줄 때마다 짜증을 내는 수위가 높아지는 것도 불안하다. 이러다가 "난 몰라! 이제 내 마음대로 할 거야!" 하고 폭발할까 봐 무섭기도 하다. 다른 엄마들에 비해 너무 엄한가 싶은 생각도 해보지만, 이 정도는 규제해야 한다고 생각한다.

규칙은 일상의 안전벨트

먼저 분명한 것은 아이들에게 규칙은 반드시 필요하다는 점이다. 아직 자신의 행동을 통제할 능력이 부족하기 때문이다. 이 행동이 어떤 결과를 가져올지 예측하지 못하고, 단순히 '하고 싶어서', '느낌이 와서' 행동했다가 결과를 감당하지 못하는 것이 십대의 특징이다. 이럴 때 부모의 역할이 중요하다. 사고가 난 뒤에 잘 수습하거나 재발을 막는 것도 중요하지만 그보다는 미연에 방지하는 것이 훨씬 나은데, 이때 필요한 것이 바로 규칙이다. 아이들도 처음에는 불편해하고 받아들이려 하지 않지만, 규칙이 모두를 더 편하게 한다는 점을 인식하면 나중에는 자연스럽게 받아들인다. 규칙 지키기는 충동성이 강한 시기에 아이를 위험으로부터 보호할 뿐 아니라, 성인으로 자라나는 준비과정이기도 하다.

"내가 어린애예요? 이런 걸 지키게!"

십대의 눈에 규칙은 부모가 일방적으로 정해놓은 불필요한 족쇄처럼 여겨질 수밖에 없다. 그래서 친구들 집과 끊임없이 비교하면서 우리 집만 너무 엄격하다고 여긴다. 아이들은 자기 집의 좋은 면은 보지 않고 친구 집과 비교해 불리한 점만 두드러지게 본다. 친구네 집은 모든 것이 좋아 보이고, 친구 엄마는 상냥하고 화도 안 내며 요리도 잘하고 용돈도 더 많이 주는 것 같다.

객관적으로 보면 우리 엄마 아빠가 더 관대하고 너그럽다는 사실을 아는 아이들조차 규칙을 깨고 싶은 충동을 느끼는 경우가 많다. 사실 아이는 부모가 무엇을 좋아하고 싫어하는지 잘 알고 있다. 그렇지만 자기만의 영역과 세계에 대한 갈증 때문에, 어떻게든 자기 판단대로, 자율적으로 행동하고 싶어 한다.

아이들은 십대가 되면서 생활 반경이 넓어지고 혼자 해결하는 일들도 많아진다. 귀가 시간이 늦어지고 영화관이나 쇼핑몰 등에도 부모가 아닌 친구들과 간다. 아이 입장에서는 새로운 세상이 열렸으니 이전까지 적용되던 규칙도 바뀌어야 한다고 믿는다. 엄마 아빠가 정해주던 어린아이의 룰이 아닌, 보다 어른스러운 규칙 말이다. 그 수준은 부모가 막연하게 '이 정도면 되겠지'라고 생각하는 선보다 훨씬 높다. 그래서 갈등이 생긴다. 부모는 이 정도면 많이 봐줬다고 생각하지만, 아이에겐 흡족하지 않다. 그러니 부모가 만든 규칙을 넘어서며 반복적으로, 또 본능적으로 모험을 감행한다. 어느 선까지 갔을 때 부모가 화를 내는지, 또 어디까지는 안전한지 호시탐탐 살핀다.

친구 생일파티에 가는 아이에게 9시까지 돌아오라 했다고 가정해보자. 평소에는 귀가 시간을 잘 지키던 아이가 이날은 20분 늦게 집에 와서는 길이 막혔다고 변명했다. 이때 부모가 그냥 넘어가면 아이는 그다음부터는 20분 정도 늦는 것은 적당히 둘러대면 된다고 생각한다. 그러면서 귀가 시간을 조금씩 미루고, 어느 순간 부모가 꾸지람을 하면 "전에는 아무 말도 안 했잖아요?"라고 하게 된다. 아이는 억울하고, 부모는 황당하다.

이런 상황에서 "너, 이제부터 친구 생일파티에 가지 마!"라고 극단적인 태도를 보이는 것은 상황을 더욱 악화시킨다. 그보다는 부모의 규칙을 다시 한 번 이야기해주고 앞으로는 반드시 지키도록 강하게 주의를 주는 편이 낫다. 아이가 수긍하기 어려운 벌을 주면 계속 부모를 속일 수 있기 때문이다.

부모들이 한 가지 알아두어야 할 것이 있는데, 규칙은 부모의 권위를 세우기 위해 만드는 것이 아니라는 점이다. 규칙은 아이를 보호하고, 사회의 한 구성원으로 올바르게 성장하는 데 필요한 사회적 약속을 자신의 것으로 체득하는 방법을 가르치기 위해 만드는 것이다. 아이들 입장에서 어른들이 정한 규칙은 도전해서 깨볼 만한 가치가 있는 것이기도 하다. 이런 상반된 목적을 인정하되, 아이가 선을 넘으려는 것을 무조건 부모의 권위에 대한 도전이나 일탈로만 보지 않았으면 한다.

부모는 끈기가 필요하다. 규칙을 만든다고 아이가 그것을 곧바로 받아들이지는 않는다. 아이는 수많은 시행착오를 거치면서 좌충우돌하는 가운데 서서히 바뀐다. 그조차도 부모가 바라는 모습 그대로 온전히 바뀌지는 않는다. 그러니 아이가 규칙을 지키지 않으면 "다음에는 잘 지켰으면 좋겠다" 정도로 마무리하는 것이 현명하다. 80퍼센트 정도만 달성해도 아이는 엄청나게 잘하고 있는 것이다. 규칙에서 벗어나 위험한 행동을 할 확률을 낮추는 것이, 규칙을 없애는 것보다 낫다. 또한 어떤 경우에도 부모의 규칙이 아이와의 감정싸움으로 이어져서는 안 된다.

규칙의 존재 이유

이렇게 말하면 속상해하는 부모들이 많다. 어차피 아이가 제대로 지키지도 않을 규칙을 만들어서 부모와 아이 모두 고생만 하는 것 같으니 말이다. 하지만 그렇다고 해서 마음대로 하라고 방치하는 것은 부모의 직무 유기다. 아이가 아무리 규칙을 어기고 선을 넘는 일을 반복해도, 머릿속으로는 알고 있다. 자기가 뭘 잘못했고, 해서는 안 되는 일을 했다는 사실을 알고 있다는 점만으로도 규칙의 존재 가치는 충분하다.

만약 아이가 지키기 힘들어하고 부모도 관리하기 힘든 규칙이라면 조정이 필요하다. 맞벌이를 하는 부모가 아이에게 저녁 시간에는 절대 텔레비전을 보지 못하게 한다면 아이가 지킬 수 있을까? 또, 부모는 아이가 텔레비전을 보는지 안 보는지 어떻게 알 수 있을까? 쉽지 않은 일이다. 규칙은 현실적이어야 하고, 노력해서 실천 가능한 수준이어야 한다. 예를 들어 용돈을 주지 않기로 했다며 밥값이나 교통비까지 주지 않는다면? 스마트폰을 석 달 동안 주지 않겠다고 하고 아예 정지시켜버린다면? 쉽지 않은 일이다.

아이만의 규칙이 아닌 가족 모두의 규칙

부모가 아이에게 규칙을 제시하고 지키게 하는 일이 타당한지 먼저 생각해보자. 부모가 아이에게 규칙을 제시하는 것은 당연한 의무이자 권리다. 세상에서 아이를 가장 잘 알고, 이해하고, 염려하고, 끝까지 책임지는 사람은 바로 부모이기 때문이다. 많은 부모들이 "제가 정한 규칙이 너무 과한 걸까요?"라는 의문을 갖는다. 물론 그럴 가능성도 있다. "제가 정한 규칙이 옳은 걸까요? 이게 정답일까요?"라며 불안해하는 경우도 많다. 이 역시 가능한 질문이다. 그래서 규칙을 정하기 전에 비슷한 또래 자녀를 둔 다른 부모들은 어떻게 하는지 먼저 알아볼 필요가 있다. 용돈, 스마트폰 사용, 귀가 시간, 주말 시간 활용 등은 아이들에게 큰 관심사다.

이때 부모가 알아야 할 것은 '규칙에 정답은 없다'는 것이다. 규칙의 수준은 부모가 안심할 수 있는 정도면 된다. 정답을 찾다간 타이밍을 놓치기 쉽다. 그보다 부모는 '나도 내 결정이 옳다고 확신할 수 없다. 가끔 잘못된 판단을 내릴 수도 있다. 그러나 결정권은 내가 가지고 있다. 내가 가장 확실한 사람이다'라는 마음으로 소신껏 규칙을 만드는 것이 좋다. 그리고 부모가 모두 그 사안을 숙지하고 있어야 한다. 이것은 부모가 '옳기 때문에' 만드는 것이 아니라, '부모이기 때문에' 만드는 것이다. 만약 부모 중 어느 한쪽이 규칙을 만든다면 다른 부모는 마음에 들지 않는 부분이 있어도 일단은 받아들이고 보조를 맞춘 다음, 부부끼리 다시 진지하게 얘기하는 것이 좋다. 아이 앞에서 상대편 배우자에게 반박하면서 "이건 너무 과해, 지킬 필요가 없어"라고 한다면 부모의 권위는 흔들리고, 아이는 양쪽 부모를 오고가면서 자신에게 유리한 방향으로 규칙을 흔들 수 있다.

다음으로 규칙을 왜 만들었고, 만든 의도가 무엇이며, 그것을 통해 아이에게 무엇을 바라는지 차분하게 설명한다. 아이의 동의는 중요하지 않다. 부모가 '무조건 지키라'고 강요하는 것이 아니라 사전에 충분히 설명을 했다고 인식시키는 것이 더욱 중요하다. 아이의 동의 여부는 부수적인 문제다. 집안에서의 규칙은 법적 효력이 있는 계약이나 합의가 아니기 때문에 다소 일방적일 수밖에 없다.

부모가 규칙을 정하는 이유는 부모가 항상 옳아서가 아니라, 앞으로 일어날 일들에 대해서 부모가 '옳다고 여기는 것'이 중심이 되도록 해야 하기 때문이다. 그러므로 일관성을 갖고 일정 시간 동안 반드시 유지하겠다고 결심한 것만 규칙으로 정한다. 무엇보다 가정의 규칙은 아이만 일방적으로 지키는 것이 아닌 부모도 함께 지켜야 할 가족 모두의 규칙이다. 즉, 부모가 먼저 규칙을 지켜야 아이도 이것이 공평하다고 여기고, 함께 규칙을 지켜 나가면서 자기 것으로 만들 수 있다.

아이를 키우다 보면 아이의 성장 속도에 맞춰 새로운 규칙을 만들어야 하는 경우가 빈번하게 생긴다. 하지만 아이는 매번 그 규칙에 도전하거나, 규칙 자체를 깨려 한다. 이때 부모의 권위에 금이 갔다며 감정적으로 대응하지 말고, 아이의 정신적 성장을 위해 반드시 필요한 과정이라는 점을 기억했으면 한다. 아이와 함께 규칙에 대해 대화하고 보조를 맞춰 나간다면, 아이는 점차 안정을 찾고 규칙을 자기 것으로 내재화하며 성장해 나갈 수 있다. 규칙을 만들고 지키게 하는 것은 '부모로서 해야 할 의무'지만, 강박을 가질 필요는 없다. 아이를 제일 잘 알고 끝까지 책임질 사람은 바로 부모이기 때문이다.

깡패도 아니고,
욕 좀 안 쓰게 할 수 없나요?

'결론으로 점프하기'를 그만두라

"준현아, 늦었다. 10분만 있으면 11시니까 폰은 식탁 위에 올려놓고 얼른 자."

학원에서 돌아오자마자 페이스북에 올라온 친구들 글에 댓글을 다느라 정신없는 준현이. 아이를 보다 못한 소현 씨가 한마디 던졌다. 며칠 전에도 밤 12시가 넘은 시간에 방 안에서 낄낄거리는 소리가 나기에 들어가보니 스마트폰을 사용하고 있었다. 그런 날은 예외 없이 다음 날 아침에 일어나는 것조차 힘들어했다. 그래서 준현이에게 시간 제한을 두겠다고 미리 말했는데, 아이는 대답조차 하지 않는다.

"왜 대답을 안 해?"

소현 씨의 목소리가 커지자, 그제야 준현이가 폰을 내려놓았다.

"알았어요…… 에이 씨팔."

순간 소현 씨의 눈에 불꽃이 튀었다.

"뭐야? 너 지금 뭐라고 했어? 이게 어디서 엄마한테 욕을 해!"

하지만 준현이도 놀라긴 마찬가지였다. 자기 입에서 그런 말이 나올 줄은 몰랐다.

"하루 종일 학원 갔다 와서 애들하고 잠깐 노는 것 가지고 그러니까 그러지. 존나 짜증나. 확 나가버리고 싶어, 이놈의 집구석."

"그게 무슨 말이야!"

"엄마도 만날 그러잖아. 집 나가고 싶다고. 나도 그래."

"뭐? 이놈의 자식이 무슨 말버릇이 이따위야! 내가 지금 누구 때문에 이 고생을 하고 있는데. 엄마는 뭐 좋아서 이러는 줄 알아? 엄마도 하고 싶은 거 하나도 못하고, 갖고 싶은 거 하나도 못 갖고 산다고!"

"에이 씨, 몰라. 잘래. 씨팔."

준현이는 식탁 위에 스마트폰을 올려놓고 방 안으로 들어가면서 또 한 차례 욕을 내뱉었다.

소현 씨는 정신이 아득해졌다. 요즘 아이들이 욕을 많이 한다는 건 알지만, 그래도 엄마 앞에서까지 이러는 건 너무하지 않나?

준현이는 준현이대로 화가 치솟는다. 친구들하고는 욕을 쓰지만 그래도 집에서는 조심하면서 지냈는데, 엄마가 잔소리를 너무 심하게 하니 순간 자기도 모르게 열이 받았던 것이다. 한편으로는, 어른들도 화가 나면 욕을 쓰는데 어리다는 이유로 무조건 욕을 쓰면 안 된다고 하는 건 말이 안 되는 것 같다.

어린아이보다는 성숙하게 어른들보다는 권위 있게

소통은 모든 관계의 기본 틀이고 매개체다. 그런데 소통은 대부분 말로 이루어진다. 말은 버릇이다. 말버릇은 한 번 생기면 쉽게 고치기 어렵다. 이 지점에서 부모들의 고민이 시작된다.

아이의 말버릇은 처음에는 집에서 부모와 함께 대화를 하면서 만들어지지만, 십대 이후로는 친구들과 대화하는 시간이 부쩍 많아지면서 친구들 사이에서 쓰는 말이 습관이 된다. 아이들이 부모와 대화하면서 쓰던 말투를 이제는 바꿔야겠다는 필요성을 느끼기 시작하는 시기도 이때부터다.

아이와 대화하다 보면 사소한 일로도 많은 갈등을 빚는다. 부모는 아이와 많은 대화를 하려고 노력하지만, 아이들의 얘기를 들어보면 "어차피 결론은 똑같아요. 엄마는 항상 내가 고쳐야 하는 것, 내가 잘못한 것만 얘기해요"라고 하는 경우가 많다.

부모도 할 말은 있다. "눈에 자꾸 보이는데 어떡해요. 그리고 집에서 새는 바가지가 밖에서도 샌다고, 밖에서도 저런 행동을 할 거잖아요. 그러니 잔소리를 하는 거죠. 누가 좋아서 하나요?"

아이의 잘못을 지적하고 문제점을 고칠 수 있게 조언하는 것은 부모의 권리이자 의무다. 하지만 아이가 자라면서 자기 의지가 생기고 적절한 대화를 할 수 있는 능력이 갖춰지면 부모와 아이의 소통은 어린 시절의 일방적 관계에서 벗어나 다음 단계로 진화할 필요가 있다. 소통의 질적 변화를 모색하는 것은 아이와 부모 사이의 불필요한 갈등을 줄이고, 소모적 감정 싸움을 미연에 방지할 수 있게 해준다. 이 시기의 대화는 어린아이와의 소통과 성인끼리의 소통의 중간 단계라고 여기면 된다. 일방적이지도 완전히 동등하지도 않은, 부모의 권위와 지시가 밑바탕에 깔려 있지만 아이의 의견을 경청하고 자율성을 수용하는 단계인 것이다.

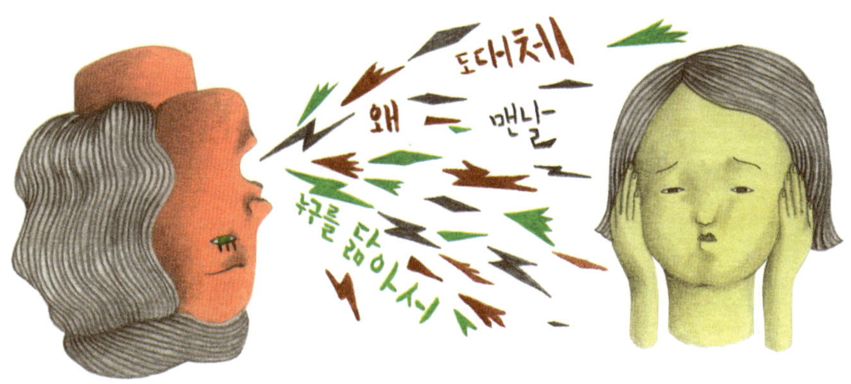

도대체
왜 맨날
누굴 닮아서

"진짜 모르겠다고요. 내가 왜 그랬는지"

우리는 흔히 아이가 잘못을 저지르거나 실수를 했을 때 "도대체 왜 그래?", "넌 몇 살인데 아직도 그 모양이야?", "넌 지난번에도 그러더니 또 이 모양이니? 이러니 엄마가 너한테 잔소리를 하지, 안 그래?" 라고 하는 경우가 많다. 하지만 이런 식의 비판은 역효과를 불러오기 쉽다. 십대 아이들의 특징 중 하나가, 이 시기에는 자기가 뭘 잘못하는지 알고도 저지르는 경우가 많다는 것이다. '그럼에도 불구하고' 너무 하고 싶어서, 혹은 너무 하기 싫어서 저지르는 것이다. 그러니 아이들은 부모의 비판을 단지 잔소리로 인식하고 건성으로 들으면서 빨리 잔소리가 끝나기만을 바란다. 아이들 가슴속에는 지금 저지른 잘못에 대해 어떤 벌을 받을지, 그리고 그 벌이 자신이 예상한 것과 비슷하거나 그보다 약한 수준이기를 바라는 마음밖에 없다.

십대 아이들의 또 다른 특징 중 하나는 자기도 자기가 왜 그런 잘못을 저질렀는지 모른다는 것이다. 아이들은 흔히 "엄마, 그게 아니라⋯⋯.", "아, 몰라. 나도 왜 그랬는지 모르겠어요"라는 말을 한다. 부모 입장에서는 아이가 잘못을 감추기 위해 거짓말이나 변명을 늘어놓는다고 생각하기 쉽다. 그런데 나중에 찬찬히 이야기를 들어보면 정말로 이유를 명확하게 설명하기 어렵거나, 불가피한 상황 때문에 발생한 일인 경우도 많다. 즉, 아이들 입장에서는 자신이 왜 그랬는지 진짜로 몰라서 모르겠다고 말하는 것이고, 의도적으로 저지른 일이 아니라는 점을 알리기 위해 "그게 아니라"고 하는 것이다. 그런데 부모는 아이의 예전 잘못을 떠올리면서 "네가 또 변명할 궁리부터 하는구나"라며 단정짓고 훈계를 시작한다. 이를 심리학 용어로 '결론으로 점프하기(jumping to the conclusion)'라고 한다. 어떤 일이 발생하면 과거의 일들을 바탕으로 곧바로 최악의 결과를 짐작해 결론을 내리는 습성을 의미하는데, 아이가 마음에 안 들고 못마땅한 일이 반복될수록 이런 식으로 생각하는 습관이 강화될 가능성이 많다. 이렇게 되면 아이와 부모의 관계는 나빠지기만 하고, 아이는 대화를 하면 할수록 부모가 자신을 나쁘게 생각할 것이라고 결론짓는다. 그래서 더 이상 대화하기를 포기하고, 새로운 정보를 숨기고, 거리를 두려고 노력하는 것이다.

이렇게 계속 관계가 꼬이다 보면 나중에는 서로 대화가 아닌 공격을 하거나 빈정대는 경우가 잦아진다.

"엄마, 나 오늘 학원에서 수학 문제 1등으로 풀어서 칭찬받았어."

"네가 웬일이야? 어제 공부 잘하는 애들이 안 왔나보네."

상대 배우자를 허탈하게 만드는 이런 말은 누워서 침 뱉기일 뿐, 가족 누구에게도 좋을 것이 없다. 그렇다면 건강한 비판을 하기 위해서는 어떻게 해야 할까? 다음 사항들을 염두에 두어야 한다.

첫째, 사람 자체를 비난하지 않는다. 아이의 실수는 행동의 문제이지 아이 개인의 문제가 아니다. "너는 도대체 왜 그러니?"가 아니라 "네가 덜렁대다가 물을 쏟은 것은 잘못한 거야"가 올바른 표현이다. 아이 자체를 비판하면 그 실수가 아이의 성격 문제로 인식되고, 예전에도 그랬으니 앞으로도 계속 그럴 것이라는 의미를 갖는다. 이런 인식은 아이의 동기를 꺾을 뿐이다.

둘째, 과거에 있었던 일을 끄집어내지 않는다. 지금 벌어진 사건의 핵심에만 집중하자. 드러난 현상만 다루면 된다. 문제 하나 생겼다고 그걸로 아이의 근원적인 문제까지 한 번에 해결하겠다는 욕심을 부려서는 안 된다.

셋째, 이유를 캐묻지 않는다. 이유를 안다고 달라질 것은 없다. 중요한 것은 앞으로 같은 실수와 잘못을 반복하지 않는 것이다. 그러

엄마의 빈틈이 아이를 키운다

니 너무 집요하게 추궁하지 않는 게 낫다. 아이 입장에서는 왜 그랬는지 말할 수 없는 경우가 더 많고, 설령 이유를 알고 있더라도 자존심 때문에 차라리 혼이 나는 게 더 낫다고 여기는 경우도 많다. 심지어 부부 사이에도 이유를 모르거나 알 필요가 없는 상황이 더 많지 않은가. 그러니 '이유'에 집착하지 말자.

넷째, "도대체 왜 그랬니?"보다 "어쩌다 그랬니?"가 더 낫다. '도대체'라는 말에는 '황당하다'와 '이해할 수 없다'는 의미가 담겨 있기 때문에 상대방을 도발시킨다. 반면 '어쩌다'에는 '당황스럽다'라는 의미가 담겨 있다. 이 말은 열심히 노력했지만 일이 잘 안 풀렸을 때 쓰는 말이다. 이 말에는 연민과 동정이 담겨 있고, 함께 아파하고 걱정한다는 뉘앙스가 내포돼 있다. 그러니 같은 질문을 하더라도 '어쩌다'라는 표현을 쓰려고 노력한다.

다섯째, 아이를 협박하지 않는다. 아이의 행동이 마음에 들지 않으면 "너 또 이런 식으로 굴면 죽는다", "한 번만 더 그러면 내쫓는다", "어디 한번 네 멋대로 해봐"라며 아이에게 모든 책임을 지우는 부정적이고 위협적인 말을 내뱉기 쉽다. 이런 태도는 옳지 않다. 아이가 부모의 의사에 반하는 선택을 하는 것은 자기 기준을 만들고 정체성을 확립하기 위해서인 경우가 많기 때문이다. 이런 노력을 협박으로 막으면 아이의 자율성과 창의적 시도를 막아 수동적이고 복종적인 존재가 될 위험이 있다.

마지막으로, '넌 누구를 닮아서 그러니?'라는 말은 절대 해서는 안 된다. 아이의 존재 이유와 근본을 흔들기 때문이다. 부모 입장에서는 부부간에 갈등이 깊거나 감정이 쌓였을 때 이런 말을 하면 속이 시원하지만, 아이 입장에서는 큰 상처가 될 수밖에 없다. 특히 아이가 이런 말을 통해 형제와 자신을 비교하다 보면 스스로를 부정적인 존재로 여기게 된다. 심한 경우 부모에게 복수를 다짐하거나, 나처럼 열등한 존재는 살아야 할 이유가 없다고 생각해 심각한 우울증과 좌절감, 낮은 자존감에 시달린다. 그러므로 아무리 아이의 행동이 부족해 보이고 마음에 안 든다 해도, "네가 아빠(혹은 엄마)를 닮아서 그래"라는 말은 삼가야 한다. 아이는 이미 자랄 만큼 자랐고, 마음에 안 든다고 해서 부부의 유전자를 바꿀 수도 없다. 그러니 마음에 안 드는 부분이 있어도 어쩔 수 없다는 점을 인정하고, 대신 아이의 좋은 자질을 더 잘 키워줄 수 있는 방법을 고민하는 것이 훨씬 낫다.

훈계는 나중에, 일단은 문제 해결부터

물에 빠져 허우적대고 있는 사람에게 "수영을 제대로 안 배웠구나.

수영하는 자세가 영 잘못됐어"라고 지적하는 것도, "그러게 거긴 왜 들어갔어? 저기 들어가지 말라고 쓰여 있잖아"라고 비판하는 것도, "수영은 그렇게 하는 게 아니야, 내가 하라는 대로 해봐"라고 가르치는 것도, "지금 얼마나 무섭니?"라고 질문하는 것도 모두 바람직하지 않다. 구명보트를 띄우거나, 로프를 던지거나, 직접 물속으로 뛰어들어 그 사람을 구하는 것이 가장 급한 일이다.

아이가 잘못을 했다면 일단 문제를 해결하고 나서 훈계해도 늦지 않다. 그런데 많은 부모들이 문제가 해결되지도 않은 상황에서 가르치고 비판하려 한다. 아이와의 관계를 최악으로 몰고 가는 것이다. 그러다 아이와의 관계가 틀어질 대로 틀어지고 나서야 "내 진심은 그게 아니었다"고 한다. 가까운 사이일수록 무심코 던지는 말들이 쌓여서 큰 상처가 되기 쉽다. 갈등이 깊어진 후에 말하는 습관을 고치려 해도, 이미 받은 상처는 회복하기 어렵다. 그러니 아이와의 관계에서 뭔가 어긋나는 것 같고, 거리감이 느껴지고, 아이가 의도적으로 피하는 것 같다고 여겨진다면 미리 부모의 말투와 소통 방식을 진지하게 돌아보는 노력을 기울여야 한다.

암만 찾아봐도
칭찬할 '거리'가 없어요

+++

'성장형 마인드셋'을 심어주는 칭찬법

"엄마!"

은경이가 집 안으로 들어서자마자 책가방을 던져놓고 달려왔다.

"왜? 무슨 일인데?"

"오늘 수학 학원에서 시험 쳤는데 내가 1등이다! 딴 애들은 틀린 거 푸느라 남아 있는데 나는 1등 해서 먼저 왔어. 나 천잰가 봐, 으히히."

희주 씨는 신이 나서 싱글벙글하는 은경이를 보면서 혀를 끌끌 찼다. 은경이가 수학을 하도 못해서 여러 학원에서 받아줄 수 없다고 퇴짜를 맞았기 때문이다. 지금 학원도 레벨 테스트를 받고 학부모 면담을 한 끝에 겨우 들어간 곳이었다. 그러니 다른 아이들의 수준도 뻔했다.

"너, 그 학원 애들 수준 알지? 그런 데서 1등 했다고 그렇게 들뜨면 어떡하니? 정신 바짝 차려. 빨리 다른 학원으로 옮겨야 해."

"엄마는 말을 그렇게밖에 못해? 그래도 1등은 1등이잖아. 내가 언제 수학에서 1등 해본 적 있어? 칫!"

은경은 좋은 기분을 망치자 뾰로통해서 자기 방으로 휙 들어갔다. 희주 씨는 그제야 아차 싶었지만 이미 늦었다. 그냥 칭찬해줄걸 하는 마음이 들면서도 한편으로는 너무 오냐, 오냐 하면 은경이가 더이상 노력하지 않고 지금 수준에서 만족할지도 모른다는 생각도 들었다. 당근과 채찍, 과연 어떻게 써야 할까?

아이는 칭찬을 갈구한다

아이를 칭찬하는 것은 결코 쉽지 않은 일이다. 칭찬할 일보다 비판하고 지적할 일이 더 많기 때문이다. 많은 부모들이 열 번 지적할 일이 있어도 한 번만 하고 참자 하는 마음으로 지내다 보니, 어쩌다 칭찬할 일이 생겨도 그동안 참아왔던 것들이 떠올라 칭찬만 하고 끝내기가 쉽지 않다고 한다. 아이는 아이대로 기대를 갖고 있다가 '역시 엄마한테는 무슨 이야기를 해도 꼬투리만 잡혀'라고 인식하는 경우가 많다.

아이는 칭찬을 갈구한다. 그러나 부모는 칭찬을 했다가 자칫 아이를 버릇없게 만들고, 더 이상 노력하지 않을지도 모른다는 불안감에 사로잡힌다. 그래서 아이가 어느 정도 자라면 더욱 엄해지는 경향이 있다.

칭찬에도 기술이 필요하다. 적절한 칭찬을 통해 아이는 부모가 생각하는 바람직한 방향으로 성장할 수 있다. 채찍이 그 자리에 머물지 않고 계속 나아가게 하는 외적동력이라면, 당근은 방향을 제시하고 지속할 수 있는 내적동력이다.

부모가 먼저 본을 보이고 아이가 자연스럽게 따르거나, 아이 스스로 뭔가 느낀 바가 있어서 노력하는 것이 변화의 가장 이상적이고 일반적인 형태다. 하지만 세상일이 모두 그렇게 말처럼 쉬운 것도 아니고, 모든 부모가 아이에게 본보기가 될 정도로 뛰어난 사람도 아니다. 그러니 모든 상황이 알아서 잘 돌아가기를 바라는 것은 현실적이지 않다.

아이가 해야 할 일들을 앞에 두고 뭉그적대거나 반항하면 부모는 마음이 급해져서 협박하고, 어르고, 지적한다. 십대가 된 아이들은 부모가 "너, 이거 안 하면 안 돼", "말대꾸하지 말고 하라는 대로 해"라는 지시를 순순히 따르지 않는다. 마지못해 따라해도 마음속으로는 끌려간다고 생각하기 일쑤다. 그러니 얼굴에도 '하기 싫은' 티가 팍팍 난다.

이런 상황에서 부모가 선택할 수 있는 차선책은 칭찬과 설득이다. 그렇다면 어떻게 칭찬하는 것이 좋을까? 또, 어떻게 해야 잘 칭찬할 수 있을까?

일찍 맞는 매가 덜 아프다

아이가 잘한 일도 있고 잘못한 일도 있다. 이럴 때 어떤 순서로 얘기하는 것이 좋을까? 칭찬하고 비판하는 것이 좋을까, 비판하고 칭찬하는 것이 좋을까, 아니면 칭찬-야단-칭찬 순으로 하는 것이 좋을까? 지금까지 알려진 바에 의하면, 비판은 정신을 번쩍 차리게 하는 각성 효과가 크다. 그래서 잘못한 일에 대해 혼이 나거나 비판을 들으면 이전에 들었던 정보는 제대로 기억하지 못하고, 이후의 정보나 사건만 오랫동안 기억하게 된다. 전자를 '역행간섭(retroactive interference)', 후자를 '순향증강(proactive enhancement)'이라 한다. 예를 들어보자. 아이를 위로하고 싶은 마음에, 혹은 엄마는 네 편이라는 마음을 전하기 위해 "엄마는 네가 이러이러한 행동을 한 것은 참 잘했다고 생각해. 그런데……"라는 식으로 칭찬을 먼저 하고 꾸중을 나중에 하면 칭찬받은 내용은 머리에서 다 사라지고 야단맞은 내용만 기억하기 쉽다. 게다가 이렇게 되면 야단 친 사람을 부정적으로 생각하게 되어 관계가 악화될 수 있다. 그러니 가능하면 먼저 야단을 치고 그다음에 칭찬하는 것이 낫다.

한편, 부모가 무심코 하는 칭찬이 역효과를 불러오는 경우도 있다. 예를 들어 "우리 아들은 항상 말을 잘 들어", "우리 딸은 늘 정직해", "너는 언제나 행동이 반듯해서 엄마 아빠가 안심이 돼"와 같은 말이다. '늘', '항상', '언제나'가 들어간 칭찬은 강조하는 의미로는 좋지만, 완벽을 의미하기 때문에 아이에게는 자칫 부담스러울 수 있다.

좋은 칭찬 vs 나쁜 칭찬

그렇다면 어떤 칭찬이 좋은 칭찬일까? 첫째, '사람이 아닌 행동이나

 엄마의 빈틈이 아이를 키운다

결과'에 대해, 부모가 판단한 내용이 아닌 느낀 점을 칭찬하는 것이 좋은 칭찬이다. 아이가 자기 방을 깨끗하게 치워서 칭찬한다고 가정해보자.

"정원아, 너 참 부지런해졌구나. 이렇게 깨끗하게 방을 치우다니, 널 다시 보게 됐어."

이 칭찬은 언뜻 별다른 문제가 없어 보인다. 하지만 칭찬의 내용을 자세히 들여다보면 아이가 방을 치운 '행동'이 아닌 아이 '자체'에 대한 평에 가깝다는 것을 알 수 있다. 또한 '네가 스스로 이런 행동을 할 리가 없는데 의외다'라는 뉘앙스가 묻어난다. 이런 경우 "정원아, 방이 이렇게 깨끗하니 엄마 마음도 깨끗해지는 것 같아. 참 좋구나"라고 느낀 바를 그대로 전해준다. 그러면 아이는 "잘했어", "최고야"라는 말을 듣지 않았어도 엄마에게 충분히 칭찬과 인정을 받았다고 느낄 수 있다.

둘째, 결과보다는 아이가 노력한 과정을 칭찬한다. 미국 컬럼비아대학교의 캐럴 드웩(Carol Dweck) 교수는 초등학생들을 두 집단으로 나누어 쉬운 시험 문제를 풀게 했다. 이때 한 집단에는 "넌 참 똑똑하구나"라는 칭찬을, 다른 집단에는 "참 열심히 했구나"라는 칭찬을 했다. 이어 다른 시험 문제 두 가지를 제시하면서 한 문제는 조금 전에 푼 문제처럼 쉽고, 다른 것은 좀 더 어려운 문제라고 설명했다.

그러자 똑똑하다는 칭찬을 받은 아이들은 대부분 쉬운 문제를 선택했지만, 열심히 했다는 칭찬을 받은 아이들의 90퍼센트는 더 어려운 문제를 선택했다. 드웩 교수는 이를 '마인드셋(mindset)'이라고 부르며 "지능지수로 칭찬받는 아이들은 다음번에도 자신의 지능을 확인받아야 하기 때문에 어려운 문제에 도전하려 하지 않는다"고 설명했다. 다음 실험에서 드웩 교수는 중학교 수준의 어려운 문제를 내고 풀게 했다. 그러자 두 집단 모두 문제를 풀지 못했지만, 노력을 칭찬받은 아이들은 다른 집단 아이들보다 문제를 풀기 위해 더 열심히 노력했다. 나중에 다시 쉬운 문제를 풀게 했더니 노력을 칭찬받은 아이들은 30퍼센트 정도 성적이 향상되었고, 똑똑하다고 칭찬받았던 아이들은 20퍼센트 정도 성적이 하락했다. 노력을 칭찬받은 아이들은 시간이 지날수록 발전하는 '성장형 마인드셋(growth mindset)'을 갖게 되어 당장은 아니지만 시간이 흐를수록 여러 가지 능력을 개발하게 되고, 똑똑하다고 칭찬받는 아이들은 현재에 안주하려는 '고착형 마인드셋(fixed mindset)'을 갖게 되어 더 이상의 발전을 위한 노력을 포기한다.

이 실험에서 알 수 있듯 부모는 결과만 가지고 상과 벌을 주는 방식에서 벗어나야 한다. 스스로 노력하는 아이로 키우고 싶다면 부모가 먼저 결과가 아닌 과정에 적극적으로 관심을 갖는 태도를 보여야 한다.

아이가 시험공부를 한다고 가정해보자. 얼마 전부터 매일 밤늦게까지 공부한 끝에 드디어 시험이 끝났다. 일반적으로는 성적에 따라 평소 갖고 싶어 하는 것을 사주거나, 친구들과 어울릴 수 있게 용돈을 줄 것이다. 하지만 그보다는 시험 전날 밤에 그동안 열심히 노력한 모습을 칭찬하고, 내일 시험이 끝나면 친구들과 놀라고 용돈을 주는 것이 더 낫다. 이것이 결과보다는 과정에 관심을 두는 부모의 모습이다. 아이는 부모가 관심을 보이는 부분을 따라가기 마련이다. 부모의 이런 모습이 앞으로 아이가 어떤 부분에서 동기부여를 받게 될지를 결정한다.

십대들의 특효약, '로미오와 줄리엣 효과'

설득이란 내가 원하는 것을 얻기 위해 상대방이 내 의견에 동의하도록 만드는 행위, 혹은 동의한 내용을 상대방이 실천하도록 이끄는 일련의 과정을 의미한다. 그런데 상대방을 설득하려 할수록 설득하기가 더 어렵다. 사람은 누구나 상대방이 자신을 설득하려고 압박을 가하면 자기를 보호하려는 욕구가 작동하기 때문이다. 특히 정체성

형성이 중요한 발달 과제인 십대는 설득을 간섭이라 여기기 때문에 더 그럴 수밖에 없다.

아이가 스스로 할 때까지 기다리는 것이 가장 좋지만, 부모가 아이를 설득해야 할 때도 있다. 이럴 때는 부모 마음이 급해지기 마련이지만, 급할수록 더 얽히고설키는 것이 상대방을 설득하는 일이다. 설득은 아이와 부모 사이의 일종의 게임이기 때문이다.

아이가 아직 십대가 되지 않았다면 설득할 일이 그리 많지 않아서 필요성을 크게 느끼지 못한다. 하지만 십대에 접어들면 학원을 옮기는 것 같은 사소한 일에서조차 아이의 지지나 동의를 얻어야 하는 경우가 많이 생긴다. 그런데 부모가 이런 과정에 익숙하지 않으면 "이게 다 너를 위해서야"라는 식으로 통보하거나, 이미 결론을 정해놓고 아이의 의견은 귓등으로 흘려듣는 인상을 주는 경우가 많다. 아이가 부모와 이런 식으로 몇 번 대화를 하고 나면 더 이상 소통하기를 포기하고, 무조건 "싫어"라거나, "알았어, 알았어" 해놓고는 실천은 하지 않는 수동적이고 공격적인 태도를 보이기 쉽다. 그러므로 부모가 아이를 설득할 때 어떠한 태도를 가져야 하는지 미리 알고 있어야 한다.

먼저 아이를 설득할 때 한 번에 끝내려고 해서는 안 된다. 운동 경기로 비유하면 단 한 게임으로 끝내는 것이 아니라 1년 동안 지속되는 리그를 진행하는 과정이라고 생각해야 한다. 게임에서 이기면 기쁘고 지면 슬픈 것은 당연하지만, 몇 년 동안 팀을 이끌면서 리그 우승이라는 큰일을 완수하려면 매 게임마다 지나치게 집착하는 것은 옳지 않다. 지금 눈앞에 놓여 있는 일을 처리하기 위해 온갖 노력을 들여 아이를 설득하더라도, 무리한 만큼 언젠가는 그 대가가 돌아오게 되어 있다. 아이와 소모적 감정싸움을 자주 벌이다 보면 부모와 아이 모두 대치 상태를 지속하게 된다. 이렇게 되면 각자의 삶의 리듬이 헝클어진다.

그러니 아이를 설득할 때는 언제 강하게 밀어붙이고 언제 적당히 져주면서 힘 조절을 할 것인지 그때그때 결정하도록 하자. 부모가 원하는 것이 무엇인지 아이 마음속에 심어놓았다는 것만으로도 그 의미가 충분할 때도 많다.

미국의 사회심리학자 드리스콜(Driscoll)이 콜로라도 주의 남녀 커플 280명을 대상으로 조사한 결과, 부모의 반대가 심할수록 두 사람의 사랑이 깊어졌다는 사실을 발견했다. 부모의 간섭과 개입이 심할수록 두 사람은 서로를 더욱 깊이 사랑한다고 믿었고, 시간이 지날수록 부모의 개입이 덜해지자 서로에 대한 사랑이 점차 약해지는 것을 관찰할 수 있었다. 이를 흔히 '로미오와 줄리엣 효과'라고 한다. 《로미오와 줄리엣》의 두 주인공의 나이 또한 십대 중반인 만큼, 이런 효과는 십대들 사이에서 더 뚜렷하게 관찰된다.

가장 좋은 설득법은 설득하지 않는 것이다. 상대방을 설득하겠다는 욕심을 버리고, 상대방 또한 나에게 설득됐다고 느끼지 않는 상태에서 자연스럽게 내 의견을 따르는 것이 진정한 설득이다. 맹자는 "좋은 지도자는 말을 거의 하지 않는다. 지도자가 일을 마쳐 자신의 목표를 완수하면 사람들은 그 일을 마치 자신들이 스스로 했다고 말할 것이다"라고 했다. 이 문장에서 '지도자'를 '부모'로, '사람들'을 '아이'로 바꿔서 읽어보기 바란다. 이런 설득이야말로 오랫동안 유지되는 진짜 설득이다. 그러니 급한 마음에 강하게 밀어붙이면 그만큼 큰 반발이 뒤따른다는 사실을 부모들은 꼭 기억하고 있어야 한다.

부모가 원하는 것을 얻고 싶다면 먼저 아이가 원하는 것이 무엇인지 파악하고 그것을 더 중요하게 여기는 것에서부터 시작하자. 그런 과정이 있어야 아이를 설득한 후에도 아이가 부모 뜻에 따라 변화할 수 있고, 부모의 진심이 아이 마음속에 전해져 아이를 자발적으로 움직이게 할 수 있다. 아이가 결국 부모의 지시가 아닌 본인의 뜻에 따라 판단하고 행동했다고 여긴다면, 마침내 최선의 설득이 된다.

설령 아이를 설득하는 데 실패해도 걱정할 필요는 없다. 시간이 지난 후 다시 같은 내용을 설득할 때, 아이는 이전에 비해 부모가 의

도했던 방향으로 조금은 변화되어 있을 것이다. 지금 당장 부모가 얻는 것이 없어도 내가 좋다고 생각하는 방향으로 아이가 서서히 변화하기를 지향하는 것. 오늘 얻는 것이 없어도 진심을 전하는 것으로 만족하는 것이 좋은 설득의 자세다.

마지막으로 다시 한 번 당부한다. 첫째, 설득하는 데에만 집착하면 아이는 점점 멀어진다. 설득은 마지막 골을 넣는 과정이다. 압박과 패스의 전 과정에서 어느 것 하나라도 소홀히 한다면 설득은 이루어지지 않는다. 둘째, 부모가 얻고자 하는 것보다 아이가 원하는 것이 무엇인지를 먼저 살핀다. 셋째, 오늘 당장 원하는 답을 얻지 못해도 좋다는 마음을 가진다.

프란치스코 성인은 '먼저 상대방을 이해하면 상대방도 나를 이해하게 된다'고 했다. 내 주장은 절반만 하고 상대방의 이야기를 들어줄 때 마음이 열리고 오해가 풀려, 대화와 타협이 가능해진다.

부모로서 아이에게 뭔가 주장할 일이 생기더라도 모든 것을 다 요구하지는 말자. 아이가 원하는 것은 다 들어주려는 마음을 갖되 부모가 원하는 것은 절반만 말하려고 노력해보자. 그것만으로도 충분히 아이를 변화시킬 수 있다. 아이를 먼저 믿자. 그리고 아이의 변화를 낙관적으로 기대해보자. 부모는 의도를 보여주는 것만으로도 충분할 때가 많다.

제발 우리 아이
자존감 좀 높여주세요

+++

내적보상이냐, 외적보상이냐

"엄마, 나 다음 주부터 축구 교실 안 가면 안 돼?"

"갑자기 왜? 네가 하고 싶어서 한 거잖아. 이청용 선수처럼 되고 싶다며."

"그런데 해보니까 재미없어. 딴 애들이랑 형들이 너무 잘하잖아."

"그러니까 같이 열심히 뛰어야지. 잘하는 애 옆에 가서 공도 뺏고 슛도 차고."

"난 축구 못하는 것 같아. 키도 작고, 달리기도 못하고, 공차는 것도 생각보다 어려워."

형배는 매번 이런 식이다. 처음엔 뭔가를 배우고 싶다고 조른다. 잘할 수 있다고 우기기도 한다. 그런데 막상 시작하면 얼마 지나지 않아 금방 못하겠다고 한다. 다른 친구들과 조금이라도 경쟁하는 분위기면 곧바로 물러선다. "난 잘 못해", "내가 어떻게 해?", "딴 애들이 훨씬 잘해"라는 말이 입에 붙어 있다. 좀 더 노력할 생각은 안 하고, 자기가 못하는 부분만 부각하면서 금방 포기한다. 친구들 눈치를 살피느라 손을 못 드니 적극적으로 발표할 수 없고, 그러니 자연스레 선생님 눈에도 띄지 않는 것 같아 엄마는 복장이 터진다.

"넌 왜 이렇게 자존감이 부족하니?"

"자존감이 뭔데?"

"자기 자신을 사랑하고 존중하는 것. 자신감 같은 것 말이야. 너도 얼마든지 잘할 수 있는데, 왜 손을 못 들어? 하고 싶으면 먼저 이야기를 해. 괜히 다 끝난 다음에 속상해하지 말고."

"괜히 나섰다가 친구들이 뭐라 그러면 어떡해? 난 싫어."

"선생님, 우리 아이 자존감 좀 높여주세요"

엄마들은 아이가 주눅 들어 있고, 자기의사를 당당하게 표현 못하는 모습을 보면 가슴이 무너진다. 애지중지 키운 자식이 남의 눈치나 보면서 쭈뼛거리는 모습이 속상한 엄마들은 진료실을 찾아오면 이구동성으로 "선생님, 우리 아이 자존감 좀 높여주세요"라고 부탁한다.

안타깝지만 '자존감을 높이는 약'이나 '자존감을 한 번에 높여주는 상담법' 같은 것은 세상에 없다. 자존감(self-esteem)이란 오랜 기간 서서히 구축되어온 것으로, 낮은 자존감을 단번에 올리기란 사실상 불가능에 가깝다.

자존감이 낮은 사람들은 허풍과 과장이 많고, 툭하면 타인을 비방하고 자신의 실수를 남 탓으로 돌린다. 자신이 한 일이 잘못되면 그럴 수밖에 없었다는 식으로 끝없이 자기합리화를 늘어놓는다. 한편으로는 "내가 하는 일이 다 그렇지 뭐"라며 자신의 노력을 낮게 평가하고, 분위기에 따라 금방 태도를 바꾼다. 그런데 이들은 항상 스스로를 낮게 평가하지만 속을 조금만 들춰보면 '칭찬과 인정'에 대한 갈증이 대단하다는 것을 알 수 있다. 이들은 주변 사람들이 자주 칭찬해주고 인정해주지 않으면 쉽게 관계를 끊고 잠수를 타는 식으로 스스로를 세상과 격리시킨다.

경우에 따라서는 자존심만 똘똘 뭉친 경우도 있다. 열패감과 낮은 자존감이 지속되다 보면 어느새 상대를 대할 때 강한 자존심으로 무장해 공격적으로 대하거나, 고슴도치처럼 방어적 태도를 취하는 경우도 흔하다. 자존감이 강한 사람은 자신의 강점과 재능에 집중하는 반면, 자존심이 강한 사람은 약점과 결점에 집중한다. 그래서 자신이 가지고 있는 작은 약점과 결점이 공격당하거나 드러날까 봐 지나치게 자신을 지키려고 애쓴다. 누군가 작은 흠집을 지적하면 기를 쓰고 공격하고, 방어하고, 합리화한다. 특히 부모가 그런 태도를 자주 보였던 집안일수록 아이들 역시 방어적이고 공격적인 태도를 보이기 쉽다.

이처럼 자존감이 낮은 사람은 내면이 텅 비어 있기 때문에 공허함을 느낀다. 그리고 그 공허함을 스스로 채우기보다 누군가가 채워주기를 바란다. 바로 타인의 칭찬과 인정이다. 놀라운 것은, 이런 사람들은 아무리 강한 자존심으로 겉모습을 포장해도 주변 사람들이 그걸 느낌으로 금방 알아차린다는 점이다. 그래서 처절하게 인정을 갈구하지만 제대로 된 인정을 받기가 어렵다. 그래서 인정에 대한 갈망이 더욱 커지고, 이런 마음은 쓸데없는 자존심을 키워 타인의 시선에 주눅 들거나, 공격적인 반응을 하게 만든다.

그러므로 부모 아이 할 것 없이 지나치게 자기 자존심만 내세운다면 사실은 자존감이 부족한 사람이라 할 수 있다. 실제로 내면이 가

득 차 있어서 자존감이 높은 사람은 잘난 척하거나, 자존심을 드러내거나, 자기 허물이나 실수, 결점에 예민한 반응을 보이지 않는다. 자신의 재능과 장점을 이미 충분히 알고 있기 때문에 그걸 타인의 인정을 통해 증명하려고 애쓸 필요가 없다. 자신을 사랑하고 자신이 갖고 있는 것들에 집중하면서 즐기고 있기 때문에 다른 사람이 뭘 갖고 있는지 부러워하거나 질투하지도 않는다. 자존감이 낮은 사람에게는 타인에 대한 질투와 부러움이 삶의 동력이다. 하지만 자존감이 높은 사람에게는 자신이 세운 목표와 스스로에 대한 기대치에 부응하려는 노력이 삶의 동기부여가 된다.

평생의 행복을 보장하는 건강한 자존감

낮은 자존감을 계속 유지하는 것은 결코 바람직하지 않다. 이런 상태가 지속되면 성인이 되고 나서도 삶이 힘겨울 수밖에 없다. 그러므로 부모는 아이의 자존감을 높여주기 위해 적극적으로 노력해야 한다. 부모의 자존감이 낮은 편이라면, 부모 역시 자신의 자존감을 높이기 위해 노력해야 한다. 아이의 건강한 성장뿐 아니라 자신의 행복한 삶을 위해서라도.

건강한 자존감을 만들기 위해서는 첫째, 자존감과 자존심을 구분할 줄 알아야 한다. 자존감이란 '내가 나를 어떻게 느끼는가'에 대한 인식이다. 나만의 고유한 가치를 받아들이고 내가 나를 인정하는 마음, 즉 스스로를 존중하는 마음이다. 타인과의 비교는 의미가 없다. 물론 자존심도 세상을 살아가는 데 무척 중요한 요소다. 하지만 무엇이든 과하면 좋지 않은 법. 지나친 자존심은 인생의 약이 아닌 독이 된다.

둘째, 목표를 적당히 조절한다. 목표를 너무 높게 정하면 아무리 노력해도 실패가 잦아질 수밖에 없고, 이는 결국 자존감을 떨어뜨리는 결과로 이어진다. 너무 높은 수준에 도달하려고 애쓰다가 실패하기보다, 목표를 적당히 조절해 성공과 성취를 많이 경험할 때 삶의 질을 높일 수 있다. 적절한 수준의 기대를 가지면 다양한 경험을 신선한 자극으로 받아들이게 되고 행복감과 자존감이 높아져, 실제로도 더 많은 성취를 경험할 수 있다. 적당한 목표 설정과 현실적 성취만큼 자존감의 단단한 토대가 되는 것은 없다.

셋째, 어떤 선택을 할 때 경우의 수를 너무 많이 제시하지 않는다. 우리 뇌는 동시에 여러 가지 일을 처리하지 못한다. 너무 많은 경우의 수를 고려하다 보면 무엇 하나 제대로 선택하지 못한다고 생각하게 되어, 결과에 만족하지 못할 가능성 또한 커진다. 사회심리학자들이 잼을 평가하는 실험을 실시한 결과, 30개의 잼을 평가한 보고서에서 최고점을 받은 잼의 점수가 6개의 잼을 평가한 보고서에서 최고점을 받은 잼의 점수보다 낮았다. 30개나 평가하려니 비교할 옵션들이 너무 많아져, 결국 비판적인 시선을 갖게 되었다는 것이다. 대안의 수가 많을수록 좋은 선택을 할 수 있을 것 같지만 너무 많은 대안은 오히려 선택에 대한 만족을 줄이는 족쇄가 될 수 있다. 장고 끝에 악수라는 말도 있듯 두세 가지 선택지 중에서 가장 좋은 것을 선택했을 때의 만족도가 클 가능성이 높다. 이러한 만족도는 또한 자존감을 단단하게 다져주는 동력이 되어준다.

넷째, 칭찬한다. 부모 눈에는 아이가 잘못한 것만 자꾸 눈에 띈다. 그래서 쉽게 지적하고, 비판하고, 잔소리를 입에 달게 된다. 그러나 부모 입장에서는 아이가 잘되기를 바라서 하게 되는 행동들이 결과적으로는 아이의 자존감을 떨어뜨리고 아이를 동굴 속으로 들어가게 만드는 요인이 된다. 그러니 가급적이면 칭찬을 많이 해주려고 노력하자. 어떤 일을 하고 나면 "잘했어"보다 "고마워"라고 말하는 것이 좋다. 스스로에 대한 확신이 부족하거나 자신의 존재 가치에 대해 회의적으로 생각하는 경우, 고맙다는 말을 자주 들으면 자신을 가치 있는 존재로 여길 수 있기 때문이다. 또한 칭찬을 충분히 받지 못한 아이는 자신의 행동이 그 자체로 가치 있다기보다 칭찬을 받기 위한 수단일 뿐이라고 믿게 된다. 그러니 부모뿐 아니라 아이 스스로도 자기가 한 일을 뿌듯하게 여기고 칭찬하도록 격려해주자. 자기 스스로에게 하는 칭찬만큼 좋은 것은 없다. 외부의 인정과 칭찬보다 스스로를 가치 있고 당당한 존재라고 여기는 마음이 진정한 자존감을 키우는 힘이 되어주기 때문이다. 스스로를 칭찬하기 위해서는 무엇을 잘하는지, 자기가 하는 일이 어떤 의미를 갖는지, 정말 좋아하는 것이 무엇인지 알 수 있도록 부모가 곁에서 이끌어주어야 한다.

다섯째, 결국 우리가 하는 모든 일은 다른 사람에게 칭찬과 인정을 받기 위해서가 아니라 '내가 원해서 하는 것'임을 일깨워준다. 외부의 보상보다 내적 보상, 즉 내가 느끼는 만족감이 더 중요하다. 부모나 사회로부터 칭찬과 인정을 받는 것도 중요하지만, 그러한 것들은 시간이 지날수록 더 큰 갈증을 불러일으킨다. 특정 약물에 내성이 생기면 시간이 지날수록 더 비싸고 강한 약물을 복용해야 만족하는 것처럼 말이다. 칭찬을 해주는 사람의 기대치 또한 자꾸 올라가기 때문에 사람들을 만족시키기도 점점 어려워진다. 2009년 로체스터대학교 연구진이 졸업생 150명을 2년간 관찰하며 외적, 내적보상과 행복지수를 비교한 결과, 자신의 강점을 개발하고 사회적 관계를 만드는 데 집중하는 등 내적보상을 추구하는 집단의 행복도가 훨씬 높았다.

세계적 행복 권위자인 소냐 류보머스키(Sonja Lyubomirsky) 교수는 이와 같은 내적보상을 추구하는 행위를 '행복 활동'이라 정의하면서 이런 행동이 오랫동안 지속가능하다고 했다. 쉽게 주어진 것이 아니라 많은 노력을 기울여 획득한 것이고, 많은 노력을 기울이는 과정 또한 스스로 원한 것이며, 자신은 충분히 행복할 능력이 있다고 확신하기 때문이다. 이러한 확신이 강할수록 외부의 조건에 휘둘리지 않고 자신이 진정 좋아하는 일에 몰두할 수 있는 용기가 생긴다.

남들이 가지 않는 길이라도 자신이 좋아하고 의미 있는 일이라면 기꺼이 선택해 꾸준히 걸어가는 힘이야말로 '나의 인생'을 살아가기 위해 가장 필요한 요소다. 이를 가능케 하는 건강한 자존감이야말로 부모가 아이에게 줄 수 있는 최고의 선물이다. 우리 아이가 알량한 자존심이 아닌 평생 자가 발전할 수 있는 건강한 자존감을 갖춘다면, 아이의 인생은 얼마나 행복하고 든든해질까?

뭐 하나 꾸준히 하는 게 없어요.
사회생활은 제대로 할까요?

+++

뇌를 세팅하는 '80일의 법칙'

"장욱아, 아침에 운동하기로 했잖아. 일어나야지."

"음, 엄마…… 30분만 더 잘게."

"얼른 일어나. 어제도 안 갔잖아. 여보, 당신도 얼른 일어나!"

"나 어제 회식하고 늦게 왔잖아…… 내일 할게……."

어릴 때부터 소아비만 진단을 받은 장욱이. 아빠도 뚱뚱한 편이라 유전적인 영향도 있지만, 먹는 것을 워낙 좋아해 살을 빼기가 쉽지 않다. 하지만 사춘기에 접어들면서 친구들 사이에서 움츠러드는 일이 잦아지자, 장욱이는 매일 아침마다 집 앞 초등학교 운동장에서

엄마의 빈틈이 아이를 키운다

줄넘기와 달리기를 하기로 했다. 아빠도 이 기회에 다이어트를 결심
했다.

　처음 일주일은 열심히 실천했다. 문제는 지난주였다. 금요일 아침
에 비가 와서 저녁에 운동을 하기로 약속했는데, 그날 저녁에 아빠
가 늦게 퇴근하느라 운동을 하루 쉰 것이다. 전날 늦게 퇴근한 아빠
가 토요일 아침에 늦잠을 자는 바람에 장욱이는 또 운동을 쉬었고,
어느새 다이어트 계획은 사라져버렸다. 엄마가 아침마다 두 사람을
깨워도 소용이 없었다. 장욱이의 게으른 습관마저 아빠를 닮아서인
가 싶어, 엄마는 속이 상한다.

나쁜 습관 고치기, 왜 이렇게 힘들까?

아침에 일찍 일어나기, 숙제 먼저 하고 게임하기, 다음 날 준비물 미
리 챙겨놓기, 동생에게 욕하지 않기, 군것질 줄이기, 스마트폰 사용
량 줄이기……. 많은 아이들이 새학기가 되면 이런 계획을 세우지
만 행동으로 옮기기가 쉽지 않다. 어른들도 마찬가지다. 작심삼일이
라는 말이 괜히 있겠는가? 나쁜 습관을 없애고 좋은 습관을 만드는
것은 그만큼 어려운 일이다. 특히 아이들은 어른들에 비해 인내심이

약하다 보니 며칠 해보고 금방 "에잇, 안 해" 하고 쉽게 포기하는 경우가 많다.

전두엽이 25세까지 발달한다는 것을 감안할 때, 아직 십대인 아이가 새로운 습관을 익히기 위해 익숙하지 않은 행동을 꾸준히 반복한다는 것은 만만찮은 일이다. 외부의 약한 자극에도 쉽게 주의가 흐트러지고, 습관을 바꿔야 할 이유를 어른들처럼 깊이 이해하기도 어렵기 때문이다.

새로운 습관을 만드는 것보다 이미 익숙해진 행동을 교정하는 것은 훨씬 어려운 일이다. 관성의 법칙 때문이다. 습관이란 우리의 뇌가 효율성을 위해 신경망 네트워크를 두껍게 만드는 과정이다. 최초의 행동을 물길에 비유해보자. 최초의 물길은 완전히 무작위적이다. 정해진 방향이 없다. 그러다가 한 가지 길을 정하면 그 길을 자주 이용하고, 그 길은 점점 저항이 적어지면서 더 많은 물이 흘러 들어온다. 그럴수록 지류가 깊어져 물은 더 빨리 흐른다. 신경망의 흐름으로 보면, 신경다발이 두꺼워지는 것이다. 두꺼워진 신경망을 더 많이 사용하면서 점점 더 많은 정보가 빠르게 전달되면 에너지를 덜 사용하고도 행동을 처리할 수 있다. 처음에는 좁고 험하던 길이 나중에는 고속도로가 되는 것이다.

이렇게 잘 만들어진 도로를 두고 다른 길을 새로 만들기란 어려운 일이다. 고속도로처럼 두껍고 깊은 신경망이 한 가지 행동 패턴을 만드는 것을 '관성이 생겼다'라고 하고 일상적으로는 '습관이나 버릇이 만들어졌다'고 해석한다.

강이 깊어질수록 그 강을 흐르는 물의 속도는 빨라지고 저항 또한 줄어든다. 저항이 줄어들수록 지나가기가 쉽고 편해지니, 그 길에 대한 확신 또한 강해진다. 그와 동시에 강바닥의 옆면, 즉 강둑은 점점 더 높아진다. 그래서 자기 나름대로는 효율적이라고 생각하지만 실제로는 높이 쌓인 강둑 때문에 강 너머, 즉 다른 방식이 보이지 않는다. 보고 싶어 하지도 않는다. 이것이 바로 습관을 고치기 어려운 이유다.

우리의 뇌는 지금 자신이 가지고 있는 습관들이 '옳은지 그른지' 판단하지 않는다. 그 습관대로 행동할 때 '에너지가 얼마나 드는가'로 평가한다. 행동하는 데 쓰이는 에너지를 비용으로 보고, 비용이 덜 드는 방식을 고수하는 것이다. 일단 효율적인 방법이 생기면, 아주 심각한 문제가 생기거나 그 방법을 고수하는 것이 오히려 손해라는 점이 분명해지기 전까지는 기존의 방식을 바꾸려 하지 않는다.

일상에서 이런 모습이 가장 잘 드러나는 사람이 노인들이다. 뇌의 활동성이 떨어지면서 더 이상 새로운 습관을 만들기를 거부하고,

바뀐 환경에 적응하려 하지도 않는다. 그만큼 에너지가 많이 쓰이기 때문이다.

아이들도 그렇다. 십대 때는 한창 새로운 길을 만드는 시기이니, 한번 굳은 습관을 고치고, 바꾸고, 거스르고, 변화하는 과정을 거부하기 쉽다. 뇌가 그것을 에너지 낭비라고 생각하기 때문이다. 우리의 뇌는 새로운 경험을 맛보지 못하는 것보다 에너지를 아끼는 것을 더 중요하게 생각한다. 그 결과, 우리는 특정한 위험으로부터 안전해지지만 학습과 새로운 결과를 싫어하게 되었다. 그리고 어떤 경우에는 "그건 불가능해"라며 아예 새로운 방식을 시도하려는 노력조차 기울이지 않는 것이다. 평소 불안과 두려움이 많은 사람일수록 이렇게 반응하는 경우가 많은데, 그게 옳지 않다는 것을 이성적으로는 알고 있어도 기존의 방식을 좀처럼 바꾸지 못한다.

습관 하나가 만들어지는 시간, 80일

그러니 새로운 습관을 만들고 싶다면, 기존의 습관을 고치기가 그만큼 힘들다는 점을 먼저 인정해야 한다. 아이들 역시 기존에 해오던 방식이 있다면 그것을 존중하고, 그 방식을 바꾸는 것이 사실은 매우 힘들다는 것, 특히 어른들보다 익히고 습득할 정보와 지식이 많은 아이들로서는 이미 익숙한 습관을 바꾸기 위해 추가로 더 많은 에너지를 써야 하기 때문에 더 힘들 수밖에 없다는 사실을, 부모가 먼저 이해해야 한다. 이러한 특성을 이해했다면, 아이가 보다 쉽게 좋은 습관을 만들 수 있도록 아래 내용을 숙지하자.

우선, 왜 습관을 바꿔야 하는지 이해시킨다. 아이가 습관을 바꾸기를 바란다면 먼저 '왜' 그래야 하는지 아이가 납득할 수 있게 설명한다. 물론 아이가 받아들이지 않을 가능성이 크지만, 경찰이 범인을 체포하기 전에 미란다 원칙을 먼저 알려주어야 하듯이 우선 성의 있게 설명하고 아이의 생각을 들어보자. 그래야 아이의 결심 수준이나 지금의 상태를 파악하고, 어느 정도의 변화를 요구할지 판단할 수 있기 때문이다.

둘째, 기간을 제시한다. 부모가 뭔가를 제안할 때 아이들이 가장 많이 하는 질문 중 하나가 "며칠이나 해야 해?", "언제까지 해야 해?"다. 부모들도 사실 다이어트나 금연에 여러 번 실패해본 경험이 있기 때문에 과연 얼마나 하는 것이 옳고, 또 실현 가능한지 정확한 대답을 하기가 어려울 수 있다. 이에 대해 최근 한 연구에서 적절한 기준을 제시했다. 2009년 심리학자 필리파 랠리(Phillippa Lally) 등은 실험자 96명을 대상으로 매일의 활동과 식습관을 기록하게 했다. 새로운 습관이 익숙해져 신경을 쓰지 않고도 저절로 하게 되는 기간을 측정한 결과, 짧게는 18일에서 길게는 254일까지 걸리는 것을 발견했다. 대부분의 사람이 달성하는 기준점은 84일, 즉 석 달 정도였다.

이 연구 결과는 우리의 상식과도 일치하는 부분이 많다. 단군신화에서 곰과 호랑이가 마늘과 쑥을 먹으면서 견딘 시간도 100일이다. 그 정도는 반복해야 뇌가 다시 세팅되고 새로운 방법에 익숙해지면서 기존의 습관에서 벗어날 수 있다는 것이다. 그러니 아이와 대화할 때 "힘들겠지만 우리 석 달만 같이 노력해보자"라고 하는 것이 성공 가능성을 높일 수 있는 방법이다.

셋째, 익숙함에서 벗어나는 것부터 시작하라. 게임에 몰두하고, 담배를 피우고, 상습적으로 지각이나 결석을 하는 등 나쁜 습관이라는 것을 알면서도 그만두지 못하는 이유는 이미 그 습관의 지배를 받고 있기 때문이다. 특히 알면서도 고칠 수 없다고 말하는 사람들은 마음이 유연하지 못한 경우가 많다. 그러니 일단 유연성을 늘리는 행동부터 시작하는 것이 좋다. 운동 전에 미리 스트레칭을 해서 부상을 예방하는 것과 같은 논리인데, 예를 들면 다음과 같은 행동을 먼저 해보는 것이다.

• 평소 다니던 길이 아닌 다른 길로 가보기

- 왼손으로 양치질하기(왼손잡이라면 오른손으로)
- 평소 듣지 않던 음악을 들어보기
- 평소 먹지 않던 음식을 먹어보기
- 평소 보지 않던 프로그램 시청하기

처음에는 많이 어색하겠지만, 이런 어색함이 유연함을 가져온다. 스트레칭으로 평소 사용하지 않던 근육을 풀어주듯, 이런 유연한 방식을 시도할 때 평소에 보지 못했던 것들을 보게 되고 뇌 또한 습관 너머를 바라볼 준비를 한다. 이런 과정을 통해 늘 하던 방식대로 익숙하게 움직이는 것이 아니라, 자기 삶을 통제하고 주변 환경의 급격한 변화에 능동적으로 대처할 가능성을 열어두는 것이다.

넷째, 하고자 하는 목표를 직접 써본다. 프랑스 학자 니콜라 게겐(Nicholas Guegeun)은 프랑스 북부 브르타뉴 주민들을 대상으로 한 가지 실험을 했다. 주민을 두 그룹으로 나눈 다음 한 그룹에게만 전화를 걸어 지역 에너지기업이라 밝힌 다음, 에너지 절약에 관한 짧은 설문을 실시했다. 며칠 후 전체 주민을 대상으로 에너지 절약 프로그램에 참여해달라는 시장 명의의 편지를 보냈다. 이후 확인해보니 설문에 응한 주민들은 50퍼센트 이상 프로그램에 참여했지만, 설문에 참여하지 않은 주민들은 20퍼센트만 참여했다. 미국 캘리포니아

폴리테크닉 주립대학교 심리학자 숀 번(Shawn Burn)은 로스앤젤레스의 부유한 지역 주민들 중 평소 쓰레기 재활용을 잘 실천하지 않는 200가구를 선정했다. 그리고 보이스카우트 단원들이 찾아가 쓰레기 재활용에 대해 설명하고, '나 (   )은 재활용 프로그램에 참여하겠습니다'라고 적힌 카드에 서명하게 한 다음 스티커를 나눠주었다. 6주 후에 재활용 실천 여부를 확인한 결과, 서명을 하고 스티커를 받은 가구의 20퍼센트가 행동을 개선했으나 일반 가구는 3퍼센트만 행동을 개선했다.

이를 통해 어떤 행동을 바꾸기 위해서는 먼저 자신의 입으로 직접 말하고, 스스로 변화의 필요성을 깨닫게 하는 것이 먼저라는 사실을 알 수 있다. 처음 시작을 어려워하는 아이가 있다면 먼저 '왜 해야 하는지' 설명해주고 약간의 시간을 준 뒤에 실천과제를 준다. 또한, 별 것 아닌 것 같지만 자기 손으로 서명을 하거나 계획을 쓰게 하는 방법도 상당한 효과를 거둘 수 있다. 실천적인 면에서 본다면 부모와 아이가 앞으로의 계획을 함께 결정한 다음 간단한 서약서를 만들어 서명을 하는 것도 효과적인 방법이다.

이처럼 새로운 습관을 만드는 것은 어른인 부모에게도, 아이들에게도 힘든 과정이다. 하지만 십대 시절에 좋은 습관을 많이 가진다면 평생 든든한 자산이 될 것이다. 나쁜 버릇은 부모가 곁에서 교정해줄 수 있는 시기에 적극적으로 고쳐야 어른이 된 후에 불필요한 고생을 덜할 수 있고, 크게 후회할 일도 예방할 수 있다. 세 살 버릇이 여든까지 간다면 세 살 때 고치는 것이 좋다. 습관을 쉽게 바꾸지 못하는 것은 아이의 성격 문제가 아니라 인간의 뇌가 원래 그렇게 작동하기 때문이라는 점을 이해하고 부모와 아이가 석 달만 함께 노력한다는 각오로 하나씩 실천해 나간다면, 얼마든지 좋은 습관을 가질 수 있다.

3부

빈틈은
상식이다

애 성격이 왜 이렇죠?
혹시 성격파탄일까요?

+++

'쾌락원칙'에서 '현실원칙'으로 옮겨가고 있다

"할머니, 안녕하세요?"

같은 아파트에 사는 할머니와 마주친 은경이가 공손하게 인사를 건넸다. 학교에서 돌아오는 길이었다.

"아이고, 은경이구나. 잘 지내지?"

"네. 어디 다녀오세요?"

"요 앞 시장에서 저녁 장 좀 봤단다."

은경이는 재빨리 할머니가 든 묵직한 장바구니로 손을 뻗었다.

"할머니, 무거우시죠? 제가 들어드릴게요."

"아냐, 괜찮다."

"저 주세요. 어차피 같은 방향이잖아요."

할머니는 고마워하며 은경이에게 장바구니를 넘겼다.

"아이고, 착하기도 해라. 너희 엄마는 얼마나 좋겠니? 이렇게 착한 딸이 있으니……. 아휴, 우리 손녀도 너처럼 착하게 자라야 할 텐데."

은경이는 할머니와 이런저런 대화를 나누며 아파트 입구까지 도착해, 엘리베이터 앞에서 장바구니를 돌려드리고 기분 좋게 집으로 들어왔다. 그런데 방으로 들어서는 순간, 뭔가 이상하다는 것을 눈치챘다. 재빨리 방 안을 훑어보니 얼마 전에 산 아이패드가 보이지 않았다. 며칠 전부터 동생이 한 번만 써보자며 탐내던 것이 생각난 은경이는 곧장 동생 방으로 달려갔다.

"야, 최은성! 너 왜 내 방에 들어왔어!"

"뭐?"

은성이는 누나의 난데없는 공격에 어리둥절했다.

"너, 나 없는 동안 절대 내 방에 들어가지 말라고 했어, 안 했어!"

"알아, 안 갔어. 내가 미쳤냐? 내가 누나 방에 왜 가는데?"

"네가 내 아이패드 가져간 거 다 알아!"

"와, 생사람 잡고 있네. 무슨 근거로? 고장이라도 내면 무슨 소릴 들으라고?"

“웃기지 마. 내 물건 건드리면 가만 안 둔다고 했지!”

“아니라니깐! 이게 미쳤나? 왜 가만히 있는 사람한테 뭐라 그래? 제대로 알아보지도 않고!”

은성이가 손가락을 귀 옆에 대고 뱅뱅 돌리자 은경이는 더 화가 나서 소리를 지르기 시작했다. 그 소리에 부엌에 있던 엄마가 방 안으로 들어와 물었다.

“너네 또 왜 그래?”

“얘가 내 아이패드 가져가놓고 안 그랬다고 잡아떼잖아.”

“엄마, 누나가 드디어 미쳤어.”

그 말에 엄마가 부엌으로 가더니 아이패드를 들고 왔다.

“이거? 엄마가 궁금해서 한번 써봤어. 자.”

“엄마!”

순간 폭발한 은경이가 엄마를 향해 소리를 지르기 시작했다.

“엄마! 왜 남의 물건을 맘대로 갖고 가고 난리야? 이게 얼마짜린 줄 알아? 고장이라도 나면 엄마가 책임 질 거야? 왜 주인도 없는 방에 함부로 들어가는 건데?”

“뭐라고? 남의 물건? 엄마가 남이니? 그거 잠깐 만졌다고 이게 어디서 엄마한테 소릴 질러!”

“엄마가 먼저 잘못했잖아. 왜 내가 없을 때 내 방에 들어갔냐고!

왜 내 물건을 몰래 만졌냐고! 그리고 가져갔으면 가져갔다고 말을 해야 할 거 아냐. 그게 그렇게 어려워?"

"뭐가 어째? 그럼 엄마가 네 방 청소할 때도 너한테 허락받고 들어가야 하니? 넌 안방에 허락받고 들어와? 그리고 그 아이패드는 누가 주는 용돈으로 산 건데?"

"아, 됐어! 다신 내 방에 함부로 들어오지 마!"

은경이는 엄마와 동생을 노려보며 자기 방으로 들어갔다. 엄마는 딸의 이런 모습이 황당하다. 학교에서도, 동네에서도 은경이는 모범생이라고 칭찬이 자자하다. 그런데 집에서 하는 행동을 보면 완전히 다른 사람인 것 같다. 하루 날을 잡아서 버르장머리를 고쳐줘야 할지, 그냥 모른 척 해주어야 할지 고민이다. 은경이를 어떻게 이해해야 할까?

내 속엔 내가 너무도 많아

동네 어른들에게 친절하고 예의바른 은경이와 자기 물건에 손을 댔다고 엄마와 동생에게 마구 화를 내며 소리 지르는 은경이는 같은 사람일까? 그렇다. 같은 사람이다. 아이들의 마음속에는 두 사람이 살고 있다. 성숙한 자아와 어린 자아가 공존하는 것이다. 평소에는 성숙한 자아가 활동하지만 순간순간 어린 자아가 마음을 차지할 때가 있는데, 문제는 대부분 이때 발생한다. 그래서 평소에는 어른들처럼 의젓하게 행동하다가 어느 순간 갑자기 어린아이의 모습으로 돌변하는 것이다.

3~4세 아이에게는 어리고 미숙한 자아만 존재한다. 오직 나만 생각하는 이기주의 덩어리인 것이다. 그래서 당장 하고 싶은 것, 먹고 싶은 것, 갖고 싶은 것을 충족해야 한다. 이 시기에는 행동에 대한 결과를 생각할 수 없기 때문에 무조건 감정대로 움직인다. 프로이트 식으로 말하면 본능(ID)이 주도하는 것이다. 하지만 이 시기가 지나면 부모의 가르침과 사회생활을 통해 참는 법, 생각하는 법, 나보다 남을 먼저 생각하는 법을 배운다. 때로는 하고 싶은 대로 하는 것보다 참고 견디는 것이 더 큰 즐거움을 준다는 것도 다양한 경험을 통해 터득한다. 마음이 발달한다는 것은 자아가 성숙해가는 과정을 거친다는 뜻이다. 프로이트는 이를 쾌락원칙(pleasure principle)에서 현실원칙(reality principle)로 무게 중심이 옮겨지는 것, 또는 자아중심주의(ego-centricism)에서 자아탈중심주의(ego-decentricism)로 변화하는 것이라고 설명했다.

성숙한 자아

상황이 바뀌면 태도가 바뀔 수 있다
상대방의 입장에 공감할 수 있다
나의 사회적 위치가 어느 정도인지 생각한다
타인과의 관계가 어떠한지 생각한다

어린 자아

원하는 것은 즉각 얻어야 한다
나를 중심으로 생각한다
내가 한 행동의 결과를 생각하지 않는다
이 일이 성공한 것은 내 덕분이다
이 일이 실패한 것은 다른 사람 때문이다

성인이 되면 삶의 상당 부분에서 현실주의적 원칙을 따르는 경우가 많아진다. 나를 중심에 두기보다 세상과 함께하고, 남을 먼저 생각한다. 문제는 십대다. 이들에게는 '나'와 '세상'이 꽤 동등한 비중으로 존재한다. 그런데 둘은 동시에 나타나지 않는다. 성숙한 자아가 주도할 때에는 미숙한 자아가 보이지 않다가, 어느 순간에는 미성숙하고 어린 자아가 전면에 나서고 성숙한 자아는 온데간데없이 숨어버린다.

은경이에게 된서리를 맞은 후 황당한 기분으로 저녁 준비를 하던 엄마. 그런데 잠시 후 은경이가 배시시 웃으면서 부엌으로 들어와 묻는다.

“엄마, 오늘 저녁 뭐야? 잡채 냄새 나던데.”

엄마는 더욱 황당해진다.

“잡채 같은 소리 하고 있네. 아이패드 잠깐 썼다고 생난리를 치더니.”

“그건 그거고. 밥 언제 다 돼? 나 배고프단 말이야. 엄마 잡채는 언제 먹어도 맛있어.”

조금 전까지만 해도 온 집안이 무너져라 소리를 지르더니, 갑자기 엄마에게 다가와 애교를 부리는 이 상황은 대체 뭘까? 마치 《지킬 박사와 하이드》 같은 일이 오늘날 십대 자녀가 있는 집에서는 매일같이 벌어진다. 지킬 박사는 원래 지적이고 성숙한 사람이지만, 자신이 개발한 약을 먹고 나서는 충동적이고 본능적인 하이드로 돌변한다. 요즘 말로 '다중이'가 된 셈이다.

“집에서라도 내 멋대로 하고 싶어요”

마음이 성장한다는 것은 마음속에서 성숙한 자아가 차지하는 비중이 점점 커진다는 것이다. 철이 든다는 것은 성숙한 자아가 점점 주도적인 위치를 차지한다는 증거이기도 하다. 사실 우리는 성인이 되고 나서도 가끔은 어린아이처럼 철없이 행동하거나 다른 사람들이 어떻게 보든 상관하지 않고 마구 화를 내고 싶은 충동에 휩싸일 때가 있다. 이 말은 성인이 되어도 미숙한 자아가 전면에 나서는 경우가 생긴다는 뜻이다. 하지만 이때도 성숙한 자아는 여전히 마음속에서 활동하고 있다. 미숙한 자아가 아무리 난리를 피워도 완전히 도망가지는 않는다. 그래서 불같이 화를 내고 짜증이 치솟다가도 얼마 지나지 않아 분노가 가라앉고, 행동을 조심하게 되는 것이다.

하지만 아이들은 다르다. 일단 미숙한 자아가 전면에 나서면 성숙한 자아는 완전히 사라진다. 성인과 달리 서로 다른 자아가 번갈아가며 나타나는 것이다. 부모 눈에는 마치 '다중인격장애'(해리성 인격장애)처럼 보일 수밖에 없다.

이런 현상은 특히 집에서 더 많이 관찰된다. 집에서는 마음이 편해지기 때문이다. 발전과 진보는 피곤한 일이다. 어른답게 굴고 남들에게 칭찬받는 행동을 하는 것은 아이 입장에서는 몸에 맞지 않는 정장을 입는 것처럼 불편하고 어색한 일이다. 밖에서는 다 컸다는 칭찬을 들으면서 스스로를 뿌듯하게 느끼지만 마음 한구석이 피곤해지는 것은 어쩔 수 없는 일이다. 그래서 가끔은 갑갑한 정장을 벗어던진 채 두 다리 쭉 뻗고 편히 쉬고 싶은 공간을 원하는데, 그곳이 바로 집이다. 집에서도 학교에서처럼 답답한 교복 차림으로 신경을

곤두세우고 있으면 얼마나 숨이 막히겠는가. 부모가 미워서, 문제아여서가 아니라 이것이 아이들의 정상적인 모습이다. 집에서 아이들이 함부로 말하고 행동한다는 것은 정상적인 아이들이 가장 안전하고 편하게 느끼는 공간, 즉 '그래도 될 만한 곳'에서 '아직은 내 맘대로 굴고 싶다'라는 무언의 메시지인 셈이다.

고집은 오래 가지 않는다

그러므로 이런 일이 있을 때 '내 아이가 혹시 성격 파탄자가 아닐까' 하는 걱정은 접어두자. 아이의 불완전한 자아가 온전히 자리 잡을 때까지 이랬다저랬다 하면서 갈팡질팡하는 것은 정상적인 성장과정이라고 이해하는 것이 좋다. 아이는 잘 자라고 있다. 아이의 눈에는 자기 마음속의 두 자아가 번갈아가며 등장하는 모습이 좌우를 오가는 것처럼 보이지만, 부모의 눈에는 앞뒤로 회전하는 것처럼 보인다. 앞뒤로 운동을 하니, 앞쪽에 나와 있는 자아만 보이고, 뒤에 숨어 있는 자아는 보이지 않는 것이다.

그렇다면 아이가 이런 행동을 할 때 부모는 어떻게 해야 할까? 그냥 무시하는 것이 최선이다. 순간순간 고집을 부리고 말썽을 피우

엄마의 빈틈이 아이를 키운다

는 아이와 맞서는 것은 십대 자녀가 아닌 다섯 살짜리 아이와 싸우는 것이다. 충동과 공격성만 작동하는 아이와 아무리 싸워봤자 대화는커녕 말도 안 되는 꼬투리를 잡으면서 자기가 옳다고 우길 뿐이다. 부모의 인내심이 아무리 강해도 이런 상황에서는 바람직한 해결책이나 납득할 만한 타협을 끌어내기 힘들다. 그러니 아이의 마음을 돌려놓거나 잘못한 행동에 대한 사과를 받아야겠다는 생각은 잠시 미뤄두는 것이 보다 현실적이다. 일단 부모로서 꼭 해야 할 말만 하고 가만히 지켜보는 것이다.

그러다가 아이의 감정이 가라앉으면 그때 대화를 시도한다. 아이의 고집은 오래 가지 않는다. 감정을 누그러뜨리고 이성을 되찾았다 싶으면 조금 전에 있었던 일을 복기하고 왜 그런 행동을 했는지 차분하게 물어보자. 아이는 조금 전에 자신이 무슨 행동을 했는지 상기하며 상당히 난감해하고 있기 때문에, 이때 부모가 비난하면 또다시 전투 모드로 무장한 어린 자아가 나선다. 부모가 적극적으로 대화하고 협상할 대상은 '건강하고 성숙한 자아'다. 이 자아와 대화를 나누면서 어떻게 하면 미숙한 자아가 전면에 나서는 일을 줄일 수 있을지 작전을 짜는 것이 부모가 할 일이다. 그러면 아이는 한결 수월하게 이 과정을 넘어설 수 있을 것이다.

중요한 것은, 멀쩡하던 아이가 갑자기 공격적이고 감정적인 행동을 보일 때 아이가 정신적으로 문제가 생겼거나 성격에 문제가 있다고 섣불리 단정하지 말아야 한다는 점이다. 아이의 내면에는 아직 어린 자아가 자리하고 있으며, 불쑥불쑥 앞으로 나서는 경우가 있다. 이러한 면을 이해하지 못하면 아이에게 엉뚱한 상처를 받거나 불필요한 감정싸움에 쉽게 휘말린다. 아이가 이 시기를 잘 지나 성숙한 자아를 갖춘 성인으로 자랄 수 있도록 도와주는 것이 부모가 할 수 있는 최선이다.

애 눈빛이 미친 사람 같아요

+++

몸은 아반떼인데 마음은 소나타

침대에 걸터앉아 스마트폰을 들여다보며 낄낄대고 있는 우빈이. DMB를 보면서 친구들과 실시간 카톡을 하고 있는 게 분명했다. 책상 위에는 가방이 내팽개쳐져 있고, 교복도 채 갈아입지 않았다. 빨리 밥을 먹고 학원에 가야 하는데, 천하태평인 모습에 엄마는 열불이 났다.

"우빈아, 빨리 옷 갈아입고 나와. 밥 먹어야지."

"네."

우빈이는 여전히 스마트폰에 시선을 고정한 채 건성으로 대답했다. 5분이 지나도 나오지 않자 참다못한 엄마는 방으로 들어가 스마트폰을 확 낚아챘다.

"아씨! 엄마, 지금 뭐하는 거야!"

우빈이가 눈을 부라리면서 소리를 지르자 엄마는 순간 섬뜩해졌다. 무섭고 오싹했다. 우빈이는 엄마에게 달려들어 스마트폰을 다시 빼앗았다.

"왜 남의 물건을 말도 없이 가져가. 짜증나게!"

엄마는 할 말이 없었다. 아니, 말문이 막혔다. 적반하장이란 말이 이럴 때 쓰는 거구나.

"너, 엄마한테 그게 무슨 말대꾸야?"

엄마의 목소리가 서서히 떨리기 시작했다. 화가 나서인지 무서워서인지, 감정이 치받는 것은 분명한데 왜 이렇게 몸이 부들부들 떨리는지는 알 수 없었다.

"아 됐어! 학원 가면 될 거 아냐! 나가! 옷 갈아입게!"

우빈이는 더 크게 소리를 지르고 엄마를 밖으로 밀어낸 다음 문을 쾅 닫아버렸다.

어안이 벙벙해진 엄마는 굳게 닫힌 방문만 멍하니 바라보았다. 착하고 귀엽기만 하던 아이가 얼마 전부터 확연히 변해버렸다. 목소리는 온 집안이 울릴 정도로 쩌렁쩌렁하고, 한번 인상이라도 쓰면 길에서 마주치던 동네 불량배의 표정이 떠올라 겁부터 덜컥 난다. 쉽게 화를 내고 짜증을 부리기도 하는데, 흥분을 참지 못해 방문이 부서지게 문을 닫거나, 주먹에 멍이 들 때도 있다. 이 아이가 과연 "엄마, 엄마" 하며 품에 폭 안기던 내 아들인가 싶을 때도 많다. 도대체 우빈이에게 무슨 일이 벌어진 것일까?

사실 우빈이는 엄마가 싫어서 그렇게 소리를 지른 것이 아니다. 솔직히 말하면, 자신도 놀랐을 뿐이다. 평소보다 소리를 약간 크게 냈을 뿐인데 마치 확성기에 대고 고함이라도 지른 듯 온 집안을 쩌렁쩌렁 울려버린 것이다. 방문이 부서져라 세게 닫은 것도, 놀라고 당황한 나머지 서둘러 방문을 닫으려다가 자신도 모르게 쾅 하고 큰 소리를 낸 것일 수도 있다. 우빈이 역시 순간순간 자신도 모르게 욱 하고 치밀어 오르는 화를 어떻게 주체할지 몰라 힘들고 답답할 것이다. 우빈이가 바라는 것은 어쩌면 한 가지 뿐일 수도 있다. 제발 나를 건드리지 말고 가만히 내버려두는 것.

뇌는 몸을 따라갈 수 없다

아이들은 십대에 접어들면서 변화를 보이기 시작한다. 사춘기가 오면서 2차 성징이 나타나는 것이다. 남자 아이들은 생식기에 털이 나고, 변성기가 오고, 수염이 자란다. 여자 아이들은 초경을 시작하고 가슴이 커진다. 동물적 관점, 즉 '이기적 유전자'의 관점으로 보면 생명체로서 가장 중요한 존재 이유인 자손을 낳을 준비를 하는 것이다. 하지만 사회적 존재인 인간으로 살아가기 위해서는 이러한 변화만으로는 여전히 부족한 점이 많다. 아직도 배울 것이 많기에 누구도 그들을 어른으로 인정하지 않는다.

사춘기 시작 연령은 19세기 초반부터 급격히 빨라지기 시작했다. 서유럽의 통계를 보면 1840년 노르웨이와 영국에서는 대략 17세경에 사춘기가 시작됐다. 20세기에 접어들자 이 시기는 더욱 앞당겨져 2006년 덴마크에서는 평균 9세 10개월 정도에 2차 성징이 나타나기 시작했다. 최근 조사에 따르면 우리나라에서도 여성의 평균 초경 연령이 11.98세로 나타났다. 설문에 응한 어머니들의 평균 초경 연령이 14.4세였던 점을 감안하면, 지난 200년 사이에 약 5년 정도 빨라진 것이다. 과거에 비해 영양 상태가 좋아진 것이 가장 중요한 요인으로 여겨지는데, 이는 사회 환경의 변화가 당사자뿐 아니라 후손들에게도 유전적으로 영향을 미친다고 볼 수 있다.

현대사회로 진입하면서 사춘기의 시기는 더더욱 빨라지고 있다. 일반적으로 남자 아이보다 여자 아이의 사춘기가 빠르다. 오늘날 여자 아이들은 평균 10~11세에 초경을 시작하고 남자 아이들은 그보다 1~2년 늦게 시작하는데, 남녀 공히 5~6년에 걸쳐 개인차를 두고 2차 성징을 마무리한다.

이렇게 사춘기의 시작은 초등학교 4학년 수준으로 빨라지는 데 비해 뇌의 발달 속도는 지난 200년 동안 그리 빨라지지 않았다. 판단력, 사고력, 자제력, 상징을 인식하는 추상적 사고능력 등을 담당하면서 인간을 인간답게 하는 것은 뇌의 앞부분에 있는 전두엽이다. 전두엽은 뇌 전체의 20퍼센트를 차지하는 만큼 천천히 발달하고 가장 늦게 완성된다.

십대 초반인 아이들의 몸속에서는 남성호르몬이 왕성하게 분비되면서 근육이 불끈불끈 생기고 충동적이 되며, 여성호르몬이 한 달 단위로 오르락내리락하면서 감정도 함께 롤러코스터를 타기 시작한다. 남성호르몬인 테스토스테론은 남자 아이들을 쉽게 흥분하고 공격적이고 충동적으로 만든다. 여성호르몬인 에스트로겐은 감상에 빠져들게 하고, 감정 조절이 잘 되지 않아 쉽게 울컥하는 등 감정 기복이 커지는 데 영향을 미친다. 그런데 이를 제어해줄 전두엽은 한참 자라고 있다. 건물을 크게 짓고 골조도 다 올렸는데 건물 내부를 조정할 중앙시스템은 여전히 공사 중인 셈이다.

몸은 아반떼인데 마음은 소나타

미국 국립보건원의 제이 기드(Jay Giedd) 박사는 전두엽 피질이 사춘기 때 꾸준히 성장할 뿐 아니라 25세까지 지속된다고 보고했다. 전두엽은 충동을 억제하고, 정확한 사실 판단을 하고, 집중력을 발휘하며, 상황이 바뀌면 거기에 맞춰서 생각의 패턴을 유연하게 바꾸는 역할을 담당한다. 자동차로 치면 브레이크, 핸들, 자동변속기의 유연한 변화, 네비게이션의 작동으로 비유할 수 있다. 그리고 사춘기 때의 신체적 변화는 엔진의 출력 변화와 같다.

오늘날 사춘기 아이들의 상황을 자동차로 비유한다면, 몸에 해당하는 차체와 브레이크는 아직 작은 경차 수준에 불과한데 난데없이 중형차의 엔진이 마음속에 장착되는 것이다. 그러니 아이 입장에서는 평소처럼 액셀러레이터를 살짝 밟고 출발하려 했을 뿐인데, 갑자기 스포츠카가 팡 하고 돌진하듯 자신도 모르게 거친 말과 행동이 튀어 나오는 것이다. 평소처럼 "싫어!"라고 말했을 뿐인데 버럭 소리를 지르는 것으로 들리는 것이 이런 변화의 결과다. 문제는 엔진만 크고 좋을 뿐, 브레이크나 다른 시스템은 그 엔진을 감당할 수준이 못 된다는 것. 그러니 튀어 나가는 자동차를 제대로 조종할 수도, 한번 튀어나간 차량을 제대로 세울 틈도 없이 급발진과 급제동을 반복하며 덜컹거리는 일이 반복된다. 그 차를 보는 사람도 아슬아슬하고 겁이 나지만, 그 차에 타고 있는 당사자는 얼마나 정신이 없고 혼란스럽겠는가. 엔진 장착 시기는 점점 빨라지는데 도로 상황을 익히기 위해 배워야 할 것은 점점 많아지고 브레이크과 네비게이션이 제대로 달리는 시기 또한 늦어진다면, 아이가 겪는 혼란스러운 시기는 상대적으로 길어질 수밖에 없고 문제가 벌어질 위험 또한 더 커질 수밖에 없다.

앞서 본 우빈이의 상황을 성격 나쁜 십대 아들의 버릇없는 행동이 아닌, 사춘기의 변화가 가져오는 당연한 현상으로 바라보는 여유가, 그래서 필요하다.

또 한 가지, 아이들은 아직 자신의 능력이 어느 정도인지 제대로 파악하지 못한다. '내가 얼마나 할 수 있는지' 객관적으로 평가할 수 있는 능력을 메타인지능력(metacognitive ability)이라고 한다. 기억력 검사를 하겠다고 하고 성인과 십대에게 정해진 시간 안에 몇 개의 단어를 외울 수 있을지 미리 예측하도록 했다. 이때 예상 개수와 실제 정답 개수의 차이가 한 개인 경우가 성인들은 56퍼센트였지만, 십대들은 20퍼센트에 불과했다. 즉, 청소년은 자신의 능력을 과소, 혹은 과대평가하는 경우가 많다는 것이다. 뇌의 발달이 더디기 때문이다. 하루가 다르게 변화하는 몸을 보고 자신이 다 컸다고 과대평가할 경우 '이제 엄마가 나를 무서워하는구나. 내 마음대로 해도 되겠어'라고 착각하고 폭군으로 돌변하거나, 막무가내로 우기고 자신이 원하는 것을 얻기 위해 고집을 피우는 일이 벌어진다.

대뇌에서 쾌락이나 보상을 담당하는 도파민 수치가 절정에 달하는 것도 사춘기 시절이다. 같은 자극에도 더 많은 흥분과 쾌감을 느끼고, 그에 대한 보상이 크다고 여겨 또 느끼고 싶어진다. 더 신나고 짜릿하고 감각적인, 어떤 때에는 겁도 없이 위험한 행동을 저지르고 쾌감을 탐닉하는 일도 이 시기에 벌어진다. 뇌가 이 시기에 더 많은 보상을 받다 보니 위험한 행동에 몰입하고, 즐기고, 그러다 보니 위험을 감지해도 브레이크를 밟을 수 없는 상황이 지속되는 것이다.

폭군 같은 아이의 마음속에
어린아이가 웅크리고 있다

그렇다면 아이들에게 이런 변화가 시작될 때 부모들은 무엇을 해야 할까? 첫째, 이런 십대의 발달과정을 이해해야 한다. 아이는 폭군이 된 것이 아니다. 괴물이 된 것도 아니다. 겉으로는 버럭버럭 큰 소리를 내지만, 사실 속내를 들여다보면 자신들도 당황하고 있다. 엑셀러레이터을 살짝 밟기만 했는데 스스로 제어할 수 없는 속도로 말과 행동이 튀어나오니, 얼마나 무섭고 불안하겠는가? 자신도 모르게 감정이 오르락내리락하면서 별 일 아닌 일에 눈물이 왈칵 나오고, 화가 치솟고 예민해지는데 그 감정의 실체가 무엇인지 제대로 알 수 없으니 자기 자신이 싫어진다. 그러니 "도대체 왜?"라는 질문에 "몰라, 짜증나!"라는 애매한 대답만 늘어놓게 된다. 하지만 이런 대답은 부모에게 일부러 반항을 하거나 뭔가를 숨기기 위해서가 아니라, 이 불쾌한 느낌의 실체를 정확히 파악하고 감정을 조절할 만한 능력이 발달하지 않았기 때문에 하는 말일 뿐이다.

둘째, 아이를 무서워하지 말아야 한다. 아이 마음의 본질은 '아이'다. 아이도 사실은 자신이 무섭고 겁이 난다. 그런데 부모마저 아이를 무서워하면 아이는 자신의 현재 상태를 과대평가해 브레이크 없는 질주를 할 수도 있다. 강속구를 던지지만 자기 조절을 잘 못하는 신인 투수가 베테랑 4번 타자를 만났다면 누가 더 떨릴까? 부모는 산전수전 공중전을 다 겪어본 베테랑 4번 타자다. 어떤 공을 던질지 알 수 없지만 그래도 겁을 먹고 피할 생각부터 하는 것보다 '저쪽도 많이 무서울 것'이라는 마음으로 타석에 서야 한다. 심호흡을 한 번 하고, 끝까지 공을 바라보는 것이다.

셋째, 아이가 잘 판단하고 자제할 수 있도록 도와주어야 한다. 아이의 전두엽은 아직 제 기능을 하지 못한다. 판단력도, 억제력도 미흡하다. 그러니 부모가 그 역할을 대신해야 한다. 적절한 조언을 해주고, 때로는 강하고 단호하게 아이의 행동을 자제시키고, 부모의 의사를 명료하게 전달하고, 부모로서의 권위를 잃지 않는 것이, 아이가 큰 사고 없이 질풍노도의 시기를 잘 보내는 가장 좋은 방법이다.

넷째, 아이와 싸워서는 안 된다. 아이는 지금 자기 마음 안에서 어떤 일이 벌어지는지 모르고 있다. 부모 입장에서는 덩치도, 목소리도 커진 아이가 눈을 부릅뜨고 대드는 모습에서, 그동안 살면서 맞닥뜨렸던 여러 '진상'들을 떠올리기 쉽다. 그래서 정색을 하고 아이를 윽박지른다. 그래서는 안 된다. 잠시 화가 치솟는 어른의 눈빛을 보이긴 하지만, 그 화의 90퍼센트는 아이의 짜증에 불과하다. 그러니 똑같이 화를 내며 대응할 필요가 없다. 이 또한 아이가 발달하는 과정

엄마의 빈틈이 아이를 키운다

이라 여기고, 곧바로 대응하는 대신 아이의 공격적인 말투와 태도를 잠시 참아주자. 그러면 금방 가라앉는다. 이때 부모는 서서히 아이의 몸과 마음을 진정시키고, 현실적인 조언을 하면서 아이가 더욱 섬세하게 운전할 수 있도록 가이드를 해주면 된다. 부모는 아이와 싸워 이겼다고 성취감과 승리의 쾌감을 느껴서는 안 된다. 아이는 엄마 아빠에게 의존하고 싶어 하는 아이일 뿐이다. 덩치는 에반겔리온 같은 커다란 로봇이지만 그 안에 타고 있는 조종사는 연약한 십대 소년 신지와 레이인 것이다.

아이가 소리를 지르면 맞장을 떠서 기를 꺾고 싶은 것이 부모의 본능이다. 하지만 이런 본능을 잘 다스리면서 현명하게 대처하자. 몸은 빨리 자라지만 뇌의 발달은 늦어지는 아이들에게 불가피하게 생기는 상황들을 잘 이해하는 것이, 아이가 새 엔진이 장착된 고급 스포츠카를 잘 운전하는 능숙한 드라이버가 되도록 돕는 길이다.

친구가 왕이에요,
무조건 같이 해야 한대요

+++

아이들은 '행위 보상'이 중요하다

생일을 며칠 앞둔 원희는 하루하루가 설렌다. 이번 생일이 지나면 드디어 만 15세가 되어, 엄마에게 허락만 받으면 아르바이트를 할 수 있기 때문이다. 동네 패스트푸드점에서 일하는 친한 형에게 미리 얘기도 해두었다. 엄마는 용돈이 부족한 것도 아닌데 왜 아르바이트를 하냐며 공부나 열심히 하라고 하지만, 원희의 마음은 확고하다. 직접 번 돈으로 오토바이를 살 계획을 세웠기 때문이다. 친구는 "시급 몇 천 원짜리 알바로 어느 세월에?"라며 비웃었지만, 뱁새가 어찌 봉황의 깊은 뜻을 알까?

스쿠터는 예전에 몇 번 타본 적 있지만, 동네 형의 오토바이를 타본 뒤로 스쿠터 따윈 더 이상 눈에 들어오지 않았다. 온몸으로 바람을 가르는 쾌감은 무엇과도 비교할 수 없는 짜릿함을 주었다. 사촌형이 오토바이를 타다 교통사고가 나서 다리가 부러진 적이 있기에 엄마가 알면 기겁하시겠지만, 포기할 수 없었다.

무엇보다 친구들이 다 타는데 나만 못 타면 체면이 서질 않는다. 여자애들이 오토바이를 탈 줄 아는 친구들과 못 타는 친구들을 바라볼 때의 시선도 다르다. 그러니 고등학교에 가기 전에 여자 친구를 만들려면 열심히 아르바이트를 해서 오토바이를 사야 한다.

마음이 급해진다. 면허는 내년에 딸 수 있다고 하니, 친구들이 하는 것처럼 일단 사서 숨겨놓고 부모님 몰래 타면 된다.

지금까지 한 번도 엄마가 하지 말라고 하는 행동을 해본 적이 없지만 이번만은 다르다. 눈을 감으면 오토바이 뒤에 여자 친구를 태우고 바람을 가르며 달리는 모습과, 그런 자신을 침을 질질 흘리며 부러운 눈으로 쳐다보는 친구들의 모습이 떠오른다. 우와, 생각만 해도 흥분된다.

함께 있으면 무서울 것이 없는 아이들

원희처럼 많은 아이들이 십대 시절에 유독 위험한 행동을 많이 한다. 그래서 이 시기를 질풍노도의 시기라고 하는지도 모른다. 미성년자에게 금지된 선을 슬쩍 넘어서는 행동이 친구들 사이에서는 오히려 영웅시되니, 이전에는 겁이 나서 피하던 행동도 서슴지 않는다. 그러다가 다치는 경우도 있지만, 그렇다고 해서 위험한 행동이 줄어들지도 않는다. 그래서 부모는 아이와 연락이 되지 않거나, 친구들과 이리저리 돌아다니는 것만 봐도 혹시 무슨 사고를 치지는 않을까 노심초사한다. 부모 자신도 십대 시절에 일탈을 해봤기에 머리로는 아이들을 이해하지만, 저러다가 사고라도 날까 봐 걱정스러운 마음을 '애들이 다 그렇지'라는 말로 달랠 수는 없다. 왜 시대가 바뀌어도 아이들의 위험한 행동은 줄어들지 않는 것일까?

고전적으로는 이런 십대의 심리를 또래 압력으로 설명한다. 십대는 또래들 사이에 머무르고 싶은 욕망이 매우 강한 시기다. 친한 친구들이 공터에서 담배를 피우는데 혼자 "나는 안 피울래. 엄마가 하지 마래" 하면서 거부할 수 없다. 설령 내키지 않지만 '우리는 친구니까 똑같이 행동한다'는 친구들 사이에서의 암묵적 동의와 동료의식 때문에라도 담배를 피워야 친구들과 함께할 수 있고 그 집단의 일원으로 인정받을 수 있다. 친구들 사이에서 무시당하고 싶지 않은 마음, 강한 모습을 보여야 살아남을 수 있다는 절박함도 한몫한다. 그걸 잘 해내지 못하는 아이들은 왕따가 되고, 학교 폭력의 피해자가 된다. 아이들에게 또래집단은 그냥 '친구들과 어울려 다니니 좋은' 정도가 아니라 자신의 안전을 보장받기 위한 준거집단이나 다름없다. 또래집단의 압력은 그만큼 강력하다.

그렇다면 순하고 착한 모범생만 모여 있는 또래집단이 엉뚱한 사고를 저지르는 것은 어떻게 설명해야 할까? 또한 같은 집단 내에서도 왜 어떤 아이만 자주 사고를 치는 것일까? 최근의 뇌과학과 청소년 심리연구들이 이러한 궁금증을 풀어주고 있다.

내 친구 부모님들은 안 그런데, 우리 부모님만 엄격해요

연구에 따르면 아이들이 뭘 몰라서 사고를 치는 것이 아니다. 십대 중반이 되면 누구나 위험한 일, 해서는 안 되는 일, 다치기 쉬운 일이 무엇인지 충분히 구별할 수 있을 만큼 지적능력이 발달한다. 이 말은 학습만으로 아이들의 판단과 행동을 억제하는 데 한계가 있다는 뜻이다. 학습은 인지적 판단과 조절에는 영향을 미치지만, 십대들이 충동적이고 위험한 행동을 하는 것은 감정적으로 판단하기 때문이다. 차분하고 이성적인 상태에서는 성인처럼 판단할 수 있지만, 성인들은 감정이 개입되어도 평정심과 냉정함을 유지하는 데 비해 십대들은 우발적이고 충동적인 행동을 한다. 한창 컴퓨터 게임을 하고 있는데 엄마가 혼을 내며 컴퓨터 전원을 꺼버렸다고 아파트 베란다에서 뛰어내려 자살한 사건도 비슷한 맥락이다. 아이는 감정에 휩싸이면 평소와 다른 판단과 행동을 하기 일쑤다.

여기서 아이들의 피해의식에 대해 생각해보자. 아이들은 자신이 허락받은 자율성의 정도를 친구들의 그것과 주로 비교, 평가한다. 오하이오대학교 심리학과의 크리스토퍼 대디스(Christopher Daddis) 교수가 십대 500명을 대상으로 연구한 결과, 아이들은 자기 집의 규칙이 친구들 집에 비해 훨씬 엄격하고, 친구 부모님들이 자신의 부모보다 더 개방적이고 자율성을 많이 허락한다고 여겼다. 아이들이 "내 친구들은 다 하는데 우리 집에서만 못하게 해"라고 말하는 것은 실제로 아이 친구들의 부모님이 개방적이어서가 아니라, 자기 부모님을 과소평가하고 친구 부모님을 과대평가하기 때문이다. 사실 십대라면 누구든 '우리 집은 너무 엄격해, 내 맘대로 할 수 있는 게 없어'라는 피해의식을 가지게 마련이다. 행동의 자율성은 나이가 들면서 점점 범위가 넓어지지만 십대 때 허용되는 범위는 저마다 다르다. 이때 가장 큰 역할을 하는 것이 바로 친구다.

친구 따라 강남 간다?
친구 따라 불구덩이로 들어간다

이 시기 아이들에게는 스스로를 칭찬하는 내적 보상보다 친구들에게 인정받는 외적 보상이 훨씬 강력하게 작용한다. 2006년 코넬대학교에서 시행한 연구에 따르면, 청소년들은 위험도를 평가할 때 성인보다 더 오래 고민한 다음 결정을 내렸다. 상황을 실제보다 더 위험하다고 평가하기도 했다. 하지만 이들에게는 얼마나 위험한지와 같은 '양적 보상'이 아니라, 어떤 행동이 자신에게 쾌감을 주는지, 친구들의 인정을 받을 수 있는지와 같은 '행위 보상'이 훨씬 중요한 판단의 근거가 되었다. 특히 또래들로부터 "쿨하다", "멋있다"는 평가를 받는 것이 중요했다. 그렇기 때문에 실제로 위험하다는 것을 알고 있고 마음속으로는 겁이 나도, 자기의 행동이 가져올 나쁜 결과를 떠올리면서 참기보다는 친구들에게 받을 인정과 짜릿한 쾌감을 더 중요하게 여겨 행동으로 옮기는 것이다. 혼자 느끼는 뿌듯함보다 친구와 함께 뭔가를 하는 것, 그들에게 인정받는 것이 위험한 행동을 부추긴다. 친구 따라 강남 간다는 말이 있는데, 이 시기 아이들의 심리를 보면 '친구가 보고 있으면 불구덩이에도 들어간다'라고 바꿔 말할 만하다. 친구가 옆에 있을 때와 없을 때의 차이는 그만큼 크다.

템플대학교 심리학과 교수인 로렌스 스타인버그(Lawrence Steinberg) 박사가 실시한 실험도 이런 사실을 증명해준다. 그는 십대와 성인 참가자들에게 운전 시뮬레이션 게임을 시켰다. 이때 신호등이 노란색으로 바뀌는 순간, 참가자들은 빨간색으로 바뀔 때까지 기다리면서 차를 멈추거나 속도를 높여 신호등이 있는 구간을 지나칠 수 있게 했다. 그 결과, 성인들은 누가 옆에서 지켜보는지와 상관없이 신호를 무시하거나 지나치는 데 별 차이가 없었다. 하지만 십대들은 혼자서 운전을 할 때는 신호를 잘 지켰지만, 또래가 자신의 운전 모습을 지켜보자 신호를 지나치는 비율이 두 배 증가했다. 즉, 십대들에게는 친구가 옆에서 지켜보고 있다는 상황이 뇌의 보상중추를 강하게 활성화시키는 동기가 된 것이다.

이처럼 십대들은 지적 능력은 충분히 발달했지만 자신의 행동을 통제하거나 그 행동이 사회적으로 어떤 결과를 낳을지 고민하는 능력, 감정에 휘둘리지 않고 평정심을 유지하며 자신의 가치관을 지켜

　　　　엄마의 빈틈이 아이를 키운다

나가는 능력은 덜 발달했다. 그래서 친구들로부터 '겁쟁이'라는 말을 듣는 것을 몹시 싫어한다. 친구들 사이에서 '쿨하고 멋진 친구'라고 인정받는 것은 아이들에게 매우 중요한 문제다. 집에서와는 달리 밖에서 위험한 행동을 하는 것은, 십대들에게 일종의 생존인 셈이다.

아이라는 폭탄, 친구라는 심지를 잘 관리하는 법

그렇다면 아이들의 이런 행동을 부모는 어떻게 받아들이고 대처해야 할까? 첫째, 아이가 "내 친구들 집은 안 그래"라며 투덜거릴 때, 아직 아이의 마음 안에 객관적이고 공정한 기준이 서 있지 않다는 점을 이해한다. 아이가 부모의 기준과 규율을 어떻게 생각하고 있는지 파악한 다음, 다른 집들과 정말 차이가 나는지, 그 차이가 한번쯤 고민해봐야 할 정도로 큰지 함께 이야기한다. 부모가 마음을 열고 아이와 대화할 준비가 되어 있다면, 아이 역시 부모에게 속내를 털어놓을 것이다. 용돈, 주말의 자유 시간, 귀가 시간, 옷차림 등에 대해 다른 친구들과 객관적으로 비교해본다면 우리 집에 관대한 부분도 분명히 있다는 것을 알 수 있을 것이다. 부모들도 요즘 아이들의 트렌드에 대해 몰랐던 부분을 알게 되어 아이에게 보다 많은 자율성을 허락할 수 있다.

둘째, 아이가 흥분했거나 짜증이 났을 때 지적하는 것은 불난 집에 기름을 붓는 격이다. 지적할 일이 있더라도 잠시 시간을 두어 아이가 안정을 찾았을 때 해야 한다. 십대 정도면 감정적이고 즉흥적으로 반응하기보다 이성적이고 객관적으로 자신의 행동을 돌아보고 부모 말을 귀담아 들을 능력을 갖고 있다. 다만 감정적으로 세상을 바라보고 판단하는 시간이 어른들보다 많다 보니, 부모 눈에 철이 없고 비합리적인 판단을 하는 것으로 비칠 뿐이다. 그러니 아이의 판단력을 따지기 이전에 감정을 주도하는 것이 우선이다.

셋째, 친구들의 역할과 중요성을 인정한다. 십대에게 친구는 부모보다 중요한 존재다. 어떤 친구들을 만나고 있는지, 아이가 속해 있는 그룹은 어떤 성향인지 면밀히 관찰하고 평소 그 친구들을 알아두는 것은 나중에 아이가 저지를지도 모를 위험한 행동을 예측하는 데 많은 도움을 줄 것이다.

아이는 폭탄으로 태어나지 않았다. 하지만 언제든지 폭탄이 될 수 있다. 잠자고 있는 폭탄의 심지에 불을 붙이는 것은 부모나 아이 자신이 아닌, 예상하지 못했던 친구들의 시선이나 압력인 경우가 많다. 십

   엄마의 빈틈이 아이를 키운다

대일 때는 더더욱 그렇다. 가족 모두 별 탈 없이 살아가다가 아이 친구가 불붙인 심지가 터져 큰 상처를 입는 경우가 많다. 안타까운 일은 누구에게나 생길 수 있다. 그것을 예방하기 위해 부모는 평소 아이와 많은 대화를 하면서 아이 마음과 친구들을 잘 파악해야 한다.

십대 아이들이 한 곳에 모여 있으면 무섭다고 하는 사람들이 많다. 그 시기에는 친구들과 함께 있으면 무서울 것이 없기 때문이다. 하지만 언제 어디로 튈지 모르는 아이들도 혼자 있을 때는 얌전한 경우가 많다. 그러므로 부모는 아이의 친구들까지 함께 품고 키운다는 생각으로 보듬어주는 것이 좋다. 아이들은 십대가 되면 부모 밑에서가 아닌 친구들 사이에서 자라기 때문이다. 내 아이는 물론 아이 친구들도 다같이 잘 자랄 수 있게 보살피는 것. 그것이 내 아이가 잘 자라는 지름길이다.

성적을 이따위로 받고도 천하태평이에요

+++

뇌의 신호전달속도가 폭주하는 시기

"너, 지금 이럴 시간이 있다고 생각해? 시간 금방 간다. 몇 년 안 남았어. 그때 가서 울고불고 후회하지 않으려면 지금부터 정신 바짝 차려!"

재용이 엄마가 전화기에 대고 한숨을 푹 쉬면서 가슴을 쳤다. 재용이가 학원에 가기 전에 친구들과 PC방에 가겠다고 전화를 했기 때문이다. 재용이는 '또 시작이군' 하는 마음으로 핸드폰을 귀에서 살짝 뗀 채 엄마가 하는 말을 듣고 있다. 솔직히 이해가 가질 않는다. 아직 중3. 4년이나 남아 있는 대입을 왜 벌써부터 준비해야 하느난 말이다.

"알았어. 한 시간만 하고 갈게."

재용이가 전화를 끊자, 엄마는 속이 상한다. 중3이나 된 아들이 아직도 정신을 못 차리고 있으니. 엄마가 보기에 4년은 눈 깜빡하면 지나갈, 그야말로 짧은 시간이다. 지금부터 엉덩이에 땀띠가 나게 몰아쳐도 될까 말까 한데, 아이는 천하태평이다. 그러니 하기 싫은 잔소리를 하게 된다.

두 시간 후, 학원 수업 시간이 됐는데도 아이가 도착했다는 문자가 오지 않자 화가 난 엄마가 전화를 건다. 한참이 지나서야 받은 재용이는 여전히 PC방에 있다. 그제야 시간을 확인했나 보다.

"어, 벌써 시간이 이렇게 됐네. 바로 갈게."

재용이는 재용이대로 조금 억울하다는 생각이 든다. 자신은 그저 친구들과 게임을 한 판 했을 뿐, 일부러 학원을 빼먹을 생각은 없었다. 다른 친구들은 계속 게임을 하고 있는데, 자기만 중간에 로그아웃을 해야 하는 것도 아쉽다. 이놈의 시간은 수업할 때는 그렇게 안 가면서 왜 게임을 할 땐 터보 엔진이라도 단 것처럼 순식간에 지나가는 걸까?

엄마에겐 1년만, 아이에겐 1년이나?

부모와 아이는 시간을 인식하고 미래를 바라보는 관점이 달라 많은 갈등을 빚는다. 아이는 상상할 수도 없는 몇 년 후를 얘기하는 부모를 이해할 수 없어서 답답하고, 부모는 1분 1초도 아까운데 멀뚱멀뚱 먼 산만 바라보는 아이를 보면서 속이 탄다.

사실 시간이란 무척 추상적인 개념이다. 인간의 양쪽 미간에는 빛을 느끼고 반응하는 신경절이 있는데, 이곳은 약 24시간 30분 주기로 움직이면서 생체리듬을 조절한다. 그렇지만 시간을 계산하고 지금이 몇 시인지 구분하는 것은 인간이 정한 약속이지 몸이 아니다. 그렇다. 시간 개념은 성장하면서 배우고 익혀 나가는 것이다.

신생아는 시간 감각이 없다. 과거도, 미래도 없다. 그저 매순간이 '영원'이다. 아기는 아주 서서히 시간의 개념을 깨닫는다. 1분, 하루, 일주일의 흐름을 이해하는 것은 태어나고도 한참이 지나야 가능하다. 18개월은 돼서 아이 스스로 경험한 사건을 기억할 수 있어야 '먼저'와 '나중' 같은 선후 관계를 이해하기 시작한다. 하루 24시간이 어떻게 흘러가는지는 만 4세 정도는 되어야 가늠할 수 있다. 이 시기에 아이에게 그림을 보여주면 침대에서 일어나는 그림, 치아를 닦는 그림, 노는 그림, 밥 먹는 그림, 잠자리에 드는 그림을 올바른 순서로 배열할 수 있다. 초등학교에 들어갈 때가 되면 '1분'이 어느 정도 되는지 어림짐작으로 깨닫는다. 이처럼 시간 감각을 익히고, 구분하고, 앞으로 일어날 일을 계획하고 기억하는 것은 무척 어려운 능력이다. 그러니 아이들 입장에서 몇 분 전, 몇 분 후를 기억하거나 기다리는 것은 참 어려운 일이다. 아이가 줄넘기를 잘해서 언제 배웠냐고 물어보면 "원래 잘해요"라고 대답하는 경우가 있다. 어른들은 아이가 몇 달 전부터 줄넘기 연습을 한 것을 알기 때문에 귀여운 거짓말을 한다고 생각한다. 그렇지만 아이는 과거를 회상하는 능력이 떨어지고 시간 개념도 없기 때문에 당연히 그렇게 대답하게 된다. 차를 타고 가면서 "10분 정도 더 가야 해"라고 해도 10분을 기다리지 못하고 몇 번이나 언제 도착하느냐고 되묻는 것도 이 시기다. 아이가 참을성이 없어서가 아니라, 아직 10분이 어느 정도인지 파악할 줄 모르기 때문이다.

학자들의 연구를 종합해보면 13세 정도는 되어야 하루 24시간을 겨우 파악할 수 있다. 또한 십대 중반에 들어서야 추상적 사고를 할 수 있게 되어 인생이라는 긴 시간 안에서 자신의 현재 위치를 인식할 수 있다. 죽음을 이해하고 자신의 삶이 언젠가는 끝난다는 사실

도 이즈음부터 깨닫는다. 그래도 여전히 어른들처럼 명확하게 생각
하지는 못한다. 여전히 몇 년 후는 막연하고, 한참 남았고, 전혀 예상
할 수 없는 '언젠가'일 뿐이다. 밀란 쿤데라의 《향수》에 이런 문장이
있다.

> 죽는 것, 죽기로 결심하는 것, 이는 어른보다 청소년에게 더
> 쉬운 일이다. 뭐라고? 죽음은 청소년에게서 훨씬 더 많은 미
> 래를 빼앗아가지 않는가? 확실히 그렇긴 하지만 청소년에게
> 미래는 그가 진정으로 믿을 수 없는 비현실적이고 추상적이
> 고 머나먼 것이다.

이렇듯 미래를 바라보는 일은 너무 비현실적이고 추상적이며 이
해하기 어려운 과정이다. 그래서 아이들은 지금을 못 견디고 지루해
하고 멍해지는, 시간 감각을 잃어버리는 경험을 자주 한다. 2차 성징
이 시작되어 호르몬이 급격하게 변화하고 뇌의 백질(White matter)이
성숙해지면서 뇌가 발달하기 시작하면, 미엘린(myelin)이라는 물질이
신경다발을 감싸며 뇌의 신호전달속도가 획기적으로 올라간다. 또
한 뇌에 들어오는 정보가 폭주하고 전두엽이 발달하면서 감정과 연
결된 기억이 늘어난다. 그렇게 되면 기억할 일들이 많아지면서 시간

이 상대적으로 천천히 흐른다고 여긴다. 많은 사건을 기억, 처리, 저장해야 하기 때문이다.

이에 반해 성인이 되면 시간이 마구 달리기 시작한다. 금방 한 달이 지나고, 한 해가 지나고, 얼마 전에 만난 것 같은 친구인데 따져보니 3년 만인 것을 확인하고 웃기도 한다. 나이가 들수록 시간이 점점 더 빨라진다고 느끼는 것을 슈테판 클라인(Stefan Klein)은 《시간의 놀라운 발견》에서 기억의 기능과 관련지어 설명한다. 기억할 사건이 적으면 적을수록 시간이 짧게 느껴진다는 것이다. 생각해보자. 아이가 태어나서 두세 돌이 될 때까지는 금방 앨범 몇 권을 채우고도 남을 정도로 사진을 찍지만, 그 시기가 지나면 앨범 한 권을 채우는 기간은 점점 길어진다. 새로운 것이 줄어들기 때문이다. 아이가 학교에 가고 나면 입학, 졸업 사진 말고는 사진을 찍는 경우가 거의 없다고 봐도 된다.

첫 키스, 첫사랑, 첫 시험, 첫 월급으로 산 선물…… 모두 새롭고 오랫동안 기억할 일이다. 반면 어른이 되어 겪는 일은 웬만하면 다 해본 것, 다 가본 곳, 다 경험해본 일이니 뇌는 굳이 기억할 가치가 없다고 판단한다. 그래서 나이가 들어 인생을 회상하면 특별한 사건으로 시간을 측정하기도 한다. 어린 시절에는 촘촘하던 기억의 좌표가 성인이 되면 느슨하게 펼쳐지면서 상대적으로 시간이 빨리 간다고 인식하는 것이다.

성인이 되면 아주 최근의 일을 제외하고는 기억할 사건이 별로 없다. 그래서 시간이 빨리 흐른다고 느낀다. 이에 반해 15~25세에 경험한 일들은 무려 70세가 되어서도 기억한다. 그러니 이 시기는 상대적으로 시간이 천천히 흐른다고 여기기 쉽다. 오랫동안 기억할 일들이 너무 많이 일어났으니 말이다. 이 시기의 뇌는 새로운 사건들을 기억, 저장하느라 과부하가 걸려 있는 상태다.

이렇듯 연령대에 따른 시간 감각의 차이를 고려한다면, 아이와 부모 사이의 갈등은 어쩌면 당연한 것이다. 아이에게는 시간이 너무 천천히 흐르니 하루하루가 지루하고, 미래를 예측할 수도 없으니 내일이든 한 달 뒤든 5년 후든 그 말이 그 말처럼 들린다. 반면 부모 입장에서는 몇 년이 먼 미래가 아니기 때문에 당장 오늘부터 시작해도 이미 늦었다는 불안감이 생기기 쉽다. 부모와 아이 모두 시간을 주관적으로 인식하는 것은 맞지만, 자신의 기준을 상대에게 적용하려니 갈등이 생길 수밖에 없다.

한편, 청소년기에는 무엇을 하느냐에 따라 시간을 매우 다르게 인식한다. 게임을 하면서 몰입할 때의 시간과 독서를 할 때의 시간은 서로 다른데, 게임을 한 시간은 실제로 쓴 시간보다 훨씬 적게 느끼는 경향을 관찰할 수 있다. 실제로는 한 시간 게임을 했어도 40분 정

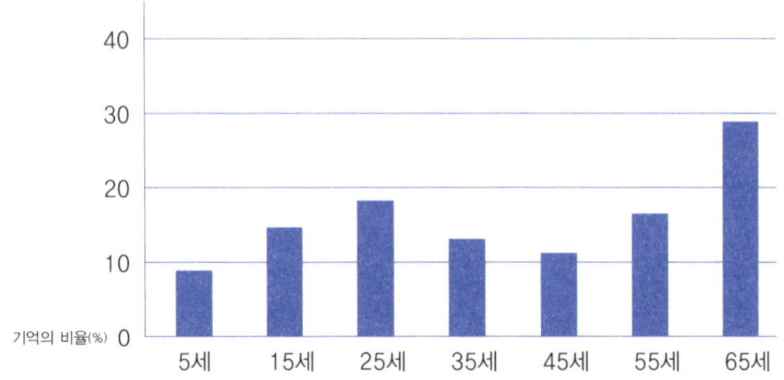

평균 연령이 71세인 실험 대상자들이 단서가 되는 단어들을 듣고 생각해낸 기억의 양. 직전의 일들은 잘 기억하지만, 기억해내는 비율은 급격히 줄어든다. 하지만 15세~25세 사이의 경험을 기억하는 양은 늘어나는데, 이를 회상혹이라고 한다. (출처: 《나이 들수록 왜 시간은 빨리 흐르는가》 p.259)

도 한 것으로, 독서는 30분을 했어도 적어도 한 시간은 한 것으로 인식하는 것이다.

이처럼 십대 시절에는 시간의 흐름이 들쑥날쑥할 뿐 아니라, 자신이 신나게 몰입할 수 있는 일을 할 때를 제외하고는 시간이 너무 지루하고 느리게 흐른다고 느끼는 것이 당연하다. 더욱이 어른들이 말하는 '시간이 없다', '미래를 위해 지금은 참고 인내하라' 같은 말은 와 닿지 않는다. 자신이 앞으로 어떻게 될지 몰라서가 아니라 부모님에게 혼이 나거나 인정을 받지 못할까 봐 두려운 것이 훨씬 크다. 하지만 부모 입장에서는 얼마 전까지만 해도 아장아장 걷고 우유를 달라고 보채던 아이가 눈 깜짝할 사이에 중학생, 고등학생이 되는

엄마의 빈틈이 아이를 키운다

모습을 지켜보았으니 마음이 급해질 수밖에 없다.

그러니 부모와 아이 사이의 이런 인식 차이를 이해하고 받아들이는 것이 우선이다. 그리고 아이가 신나게 몰입할 만한 것을 찾아주기 위해 노력해야 한다. 그 첫 번째 조건은 '내가 좋아하는 것'인데, 여기서 '나'는 부모가 아닌 아이여야 한다. 아이 머릿속에는 인식조차 없는 몇 년 뒤를 기대하면서 그 시간을 볼모로 아이를 다그치기보다 훨씬 가까운 미래, 예를 들어 이번 주, 다음 달 정도를 타깃으로 삼는 것이 좋다. 그렇게 오늘에 집중하면서 하루하루 의미를 찾고 작은 성취들을 쌓아가도록 돕는 것이 아이가 시간을 잘 관리하는 길이다. 이는 십대 아이보다 부모에게 더 필요한 일인지도 모른다. 나이가 들수록 시간이 빨리 흐른다고 느끼는 이유는 날이 갈수록 새로운 감각을 받아들이지 못하고 톱니바퀴 같은 생활에 익숙해지면서 시간 감각이 무뎌지기 때문이다. 만약 매일매일 의식적으로 새로운 것을 깨닫고 경험을 쌓는다면 이전보다 시간이 천천히 흐른다고 느낄 수 있을 것이다. 조금 다른 얘기지만, 부모가 이런 식으로 자신의 삶에 집중하면, 아이의 미래에 대한 불안감도 어느 정도 줄어든다.

어른이 된다는 것은 내 속도에 맞게 시간을 조절, 활용할 줄 아는 능력을 갖춘다는 의미이기도 하다. 그러니 아이들이 부모처럼 시간 개념이 명확하지 않고 자기 절제를 하지 못하는 것은 지극히 당연한 일이다. 또한 청소년기에는 호르몬의 영향으로 일찍 일어나는 것이 힘들기 때문에 무조건 윽박지르거나 야단치는 것은 좋지 않다. 그보다 부모가 적극적으로 현실적인 시간 관리 방법을 알려주고 실천할 수 있도록 도와주는 것이 좋다. 아이들도 부모에게 시간 관리 방법을 배운다면 좀 더 효율적으로 자신의 일과를 계획할 수 있을 것이다.

말하는 꼴을 보면
속에서 천불이 나요

+++

형식적 조작기에 진입하다

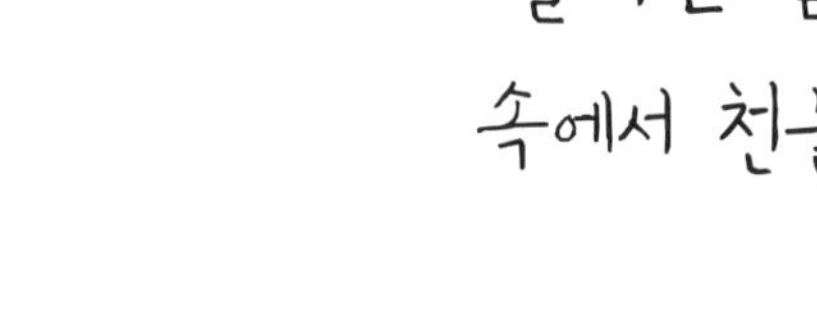

"우리나라는 온통 썩은 거 같아요. 교육만 그런 줄 알았더니 총체적 난국이야. 아빠, 우리 이민 가요."

뉴스를 보던 유경이가 갑자기 목소리를 높였다. 아빠는 아이돌 가수에만 관심 있는 줄 알았던 유경이가 사회 문제에 관심을 가지는 것이 신기했다.

"왜 그런 생각이 들었니?"

"뉴스를 보면 우리나라는 결국 돈 있고 힘 있는 사람들만 잘사는 것 같아요. 우리 같은 서민들은 매번 당하기만 하고. 우리나라는 가망이 없는 것 같아요."

"그래, 아빠도 우리 사회에 문제가 많다고 생각해. 그래도 많은 사람들이 노력하고 있으니까 희망을 갖고……."

"이게 무슨 민주주의예요? 지금이 무슨 조선 시대도 아니고!"

유경이는 뉴스를 보다 말고 씩씩거리며 방으로 들어갔다. 아빠는 중학생이 된 유경이가 언제부턴가 뉴스나 신문을 보며 세상 돌아가는 일에 관심을 갖는 것을 보면서, 부쩍 철이 들었다고 생각했다. 그동안 억지로 나가던 교회도 스스로 가기 시작하면서 종교에 대해서도 좀 더 진지하게 생각하기 시작했다. 유경이에게 어떤 변화가 생긴 것일까?

LTE 급으로 빨라지는 뇌의 신호전달속도

유경이가 종교, 사회, 교육 문제 등 어떻게 보면 실체가 없고 추상적인 현상에 서서히 관심을 갖기 시작한 것은 유경이의 뇌가 그걸 이해할 수 있는 수준으로 발달했기 때문이다.

우리 뇌에는 회백질(Gray matter)이라는 부분이 있는데, 이 부분은 아동기에서 청소년기로 넘어가는 시기에 독특한 발달 궤적을 보인다.

엄마의 빈틈이 아이를 키운다

청소년기의 일정 시기까지는 역U형으로 증가하면서 최고점에 달하고, 그 이후에는 서서히 지속적으로 감소하면서 성인기에 다다르게 된다. 회백질은 신경세포체, 신경돌기(dendrite), 그리고 신경세포를 지지하는 구조물로 구성되어 있는데, 이것이 늘어난다는 것은 신경돌기가 성장하거나 시냅스의 연결이 증가하고 있다는 의미다. 즉, 청소년기 초기까지는 시냅스가 양적 성장을 하고, 그 후로는 가지치기(synaptic pruning)를 하면서 서서히 성인기에 돌입한다는 것이다. 특히 전두엽과 두정엽은 12세 전후로 최고점에 이르렀다가 이후부터 서서히 감소하는데, 감소한다고 해서 머리가 나빠지는 것이 아니라, 이때부터 질적인 측면에서 비약적인 발전을 한다. 뇌는 먼저 양적으로 많은 길을 만든 다음 쓰지 않는 작은 길들을 가지치기해서 막아버리고, 크고 효율적인, 즉 검증된 길만 남겨놓는다.

이런 과정을 반복하면서 뇌의 효율성과 정보 통합 능력 또한 획기적으로 성장한다. 서울에서 부산까지 가는 방법은 수십 가지가 있지만 제일 좋은 방법은 경부고속도로, KTX, 비행기로 가는 것이다. 이 세 가지를 우선순위에 둘 수 있는 능력이 생긴다면 자칫 서울, 강릉, 포항, 부산으로 빙 돌아가는 길을 선택하는 경우는 없을 것이다. 초등학생 때보다 더 빠르고 적당한 문제해결 방법을 찾는 것은 뇌의 이러한 발달 덕분이다.

　한편, 백질은 회백질과 달리 성인기까지 꾸준히 늘어난다. 백질은 미엘린이라는 지방질로 쌓인 축색 돌기로 구성되어 있는데, 이것이 늘어난다는 것은 신경다발이 좋은 껍질에 둘러싸여 신호의 전달 속도가 엄청나게 빨라진다는 뜻이다. 또한 좁은 뇌 속에서도 신경다발끼리 서로 부딪히지 않고 정교한 회로도와 같이 복잡한 신호들을 오고가게 할 수 있는 능력이 생긴다는 것을 의미한다. 뇌의 이러한 두 가지 변화 덕분에 인간은 눈에 보이고 만질 수 있는, 실체가 분명한 것뿐 아니라 추상적인 개념들도 다룰 수 있는 능력을 갖는다. 사이버 공간이 눈에 보이진 않지만 실제로 존재하는 것처럼 느낄 수 있듯 사랑과 미움, 인간이란 무엇인가, 사후 세계란 존재하는가와 같은 추상적이고 관념적인 주제도 생생하게 고민하고 추론할 수 있는 것이다. 그리고 그것이 가장 즐거운 일이 된다.

필요한 시기에, 필요한 것을 놀면서 익힌다

이러한 변화는 현대 뇌과학이 발달하기 전에 이미 심리학자들이 이론으로 정립한 바 있다. 스위스의 심리학자인 장 피아제(Jean Piaget)는 자신의 딸들을 키우면서 관찰한 내용들을 바탕으로 인지발달이론

　　　　　　　　　　　　　　엄마의 빈틈이 아이를 키운다

을 정립했다. 그는 인지기능이 발달 정도나 연령과 같은 환경과 맞닥뜨리면서 발달해 나간다고 했다. 피아제에 따르면, 아이는 자신이 현재 속해 있는 발달 단계와 가장 밀접한 정보들을 열심히 포착하는데, 항상 지금 하는 행동보다 더 복잡하고 신기해 보이는 외부 정보에 자발적으로 흥미를 느낀다고 한다. 학교생활을 시작하는 7세부터 11세까지를 구체적 조작기(Concrete operational thought period)라고 하는데, 이 시기에는 주로 정보를 분류, 통합하고 사건에 순서를 매기는 능력이 발달하고 일차적 상징을 활용하는 등 구체적인 대상과 행위에 대해서만 체계적으로 사고한다. 대상을 그룹별로 분류하고, 숫자 개념이 발달하고, 자기중심적 사고에서 벗어나 집단에서의 자기 역할을 이해하고 협동하는 것의 중요성을 이해하는 것이다. 그래서 이 시기에는 숨바꼭질처럼 규칙을 지키거나 전쟁놀이처럼 지도자와 추종자가 있으며 집단끼리 경쟁하는 놀이를 좋아한다.

그러다가 십대가 되면 형식적 조작기(formal operational thought period)에 들어선다. 이 시기부터는 과거와 달리 추상적이고 가설적인 수준에서도 체계적으로 사고하는 능력이 발달하고, 논리성과 합리성을 토대로 추론을 할 수 있다. 존재하지 않는 것, 먼 미래에 일어날 일에 대한 가능성을 추론할 수도 있는 것이다. 이를 기반으로 자신이 처한 환경과 사회적 현실에 대해서 본질적인 탐색과 질문을 하고, 자기의 앞날에 대해서도 진지한 고민과 전망을 시작한다. 초등학생과 중학생이 똑같이 "나는 과학자가 될래요"라고 말하더라도 초등학생은 단순히 멋진 과학자를 동경하고 똑같이 되고 싶어서인 경우가 많다면, 십대 중반 이후부터는 자기가 정말 과학을 좋아하는지, 과학자가 되는 과정, 자신의 적성과 성격, 과학자의 사회적 평가까지 다방면으로 고려해서 말하는 것이므로 같은 말이라도 전혀 다른 의미와 가치를 지닌다. 또한, 초등학생 시절에 숨바꼭질을 좋아했다면 이 시기에는 추상적 개념과 관련된 문제를 다루는 것을 일종의 놀이처럼 느낀다. 그래서 토론을 좋아하고, 종교에 관심을 가지고 이치를 따지는 것을 즐거워한다. 결국 아이들은 자기 나이에 뇌가 가장 필요로 하는 것들을 놀이로 익히는 것이다. 아이들이 사회에 관심을 갖고 추상적 개념에 몰두하는 것, 그런 종류의 소설을 좋아하는 것은 모두 놀이의 일종이라 할 수 있다.

예민하고 까칠해지는 과학적 이유

아이에게 추상적 개념을 형성하는 능력이 생긴다는 것은 부모 입장에서 분명 기뻐할 일이다. 하지만 고려해야 할 경우의 수가 늘어나고 다양한 사람들과 소통하면서 모호한 맥락을 해석하는 과정에서 자칫 불안이 커질 수도 있다. 평소에는 친구의 작은 표정 변화, 힐난조의 말에 무심하던 아이가 청소년기에 접어들면서 지극히 사소한 반응에 갑자기 심각한 반응을 보이고, 상처받는 일이 발생할 수도 있다.

하버드대학교 여겔룬-토드(Yurgelun-Todd) 박사의 연구진은 이와 관련해 흥미로운 뇌영상학 실험을 실시, 〈발달뇌과학(Developmental Neuroscience)〉에 발표했다. 청소년 16명에게 각각 행복한 표정과 무서운 표정을 찍은 사진을 보여주고, 두 사진을 볼 때 뇌의 어떤 부분이 활성화되는지 MRI로 촬영했다. 그 결과, 평소 인간관계에서 불안을 강하게 느끼는 청소년일수록 무서운 표정을 볼 때 감정과 관련된 편도가 강하게 활성화되는 것을 발견했다. 십대 이후부터는 자기 생각만 중요한 것이 아니라 다른 사람이 나를 어떻게 보는지도 주의를 기울이고, 타인의 표정을 통해 그 사람의 감정을 읽고 경계하고 불안해하는 양상을 보이기 시작한다는 점이 밝혀진 것이다. 그래서 평소 다른 아이들보다 불안감이 높은 아이들이 중고생이 되면 남들 앞에 서서 발표할 때 더 많이 긴장하기 쉽다.

전두엽의 발달로 추상적 사고능력이 발달하고 타인과의 관계를 계산하고 인식하는 능력이 향상될수록, 대인관계나 사회적 관계 안에서 불안을 경험할 가능성 또한 커진다. 아이가 어릴 때는 학교에서 친구들과 문제가 생겨도 투닥거리며 싸우는 정도로 그치지만, 본격적인 청소년기에 접어들면 앞서 언급한 다양한 발달에 따라 복잡한 친구관계에서 오는 미묘한 상호작용으로 쉽게 불안해하고 속상해하는 것이다. SNS에서 본 글 하나, 단어 몇 개를 자신에 대한 공격으로 받아들이고, 수학여행을 갈 때 같이 앉을 친구가 없어서 가지 않겠다고 막무가내로 버티고, 친구들 사이에서의 자신의 평판에 일희일비하는 것도 추상적 사고능력의 발달에 따른 부정적 부산물이다. 이런 현상이나 사소한 갈등을 정확히 판별하기보다 일단 위험한 것으로 인식해 경계하고 불안해하는 것이다. 그래서 이 시기 아이들은 예민하고 까칠할 때가 많다.

나, 이렇게 논리적인 사람이야

이러한 변화는 가정에서도 쉽게 느낄 수 있다. 아이가 추상적이고 개념적인 측면에 대해 사고하게 되니, 부모가 하는 말에서 논리적 허점을 발견하고 공격하는 것이다. "엄마 말은 앞뒤가 안 맞잖아요"라며 엄마 말에서 모순된 부분을 찾아내 공격하는 경우가 대표적이

엄마의 빈틈이 아이를 키운다

다. 예전에는 막무가내로 대들거나 무조건 복종했지만 십대가 되면서 논리적, 개념적, 합리적인 방식으로 부모와 대화하려고 하는 것이다. 이때 아이의 심리를 이해하는 것이 중요하다. 아이는 기본적으로 부모에게 "나는 이런 것도 할 수 있어요"라고 보여주고 싶어 한다. 그래서 새로운 능력이 생기면 보여주고 인정받으려고 한다. 7~8세 시기에는 운동 능력 발달이 중요하다. 혼자 자전거를 타거나 수영을 하거나 공작물 만든 것을 보여주고 기뻐해주기를 바란다. 그러다가 십대가 되면 논리적으로 추론하는 능력을 보여주고 싶어 한다. 만약 당신의 아이가 부모가 하는 말에 태클을 걸거나 앞뒤가 맞지 않다고 지적한다면, 무조건 반항하거나 일부러 부모를 힘들게 하기 위해 못된 행동을 하는 것이 아니라 그저 "엄마, 아빠. 나 이제 이런 생각도 할 줄 알아요"라고 인정받고 싶어서 자신의 사고 능력을 보이려는 시도일 수 있다. 그러므로 이럴 때 부모는 "네가 뭘 안다고 그래? 가만히 있어. 어디서 기어올라?"라고 면박을 주기보다 "네가 벌써 엄마 아빠 말에서 모순을 찾아내고 네 생각을 당당하게 표현하는 걸 보니 많이 놀랐다. 좋은 생각이야. 벌써 이렇게 크다니, 아주 기쁘구나"라는 반응을 보여주는 것이 좋다. 이때도 끝까지 부모의 주장을 고집하거나 틀린 것을 옳다고 우겨서는 안 된다. 아이가 자기주장을 펼친다면 기꺼이 토론을 하고 아이만의 의지와 생각이 있다는 것을 인정해주되, 그 주장이 자의적이고 협소할 수 있다는 점을 짚어주면서 부모 입장에서 최종 선택을 하면 되는 것이다. 그것은 권위적인 태도가 아니라 부모이기 때문에 해야 하는 일이다. 아이가 자라는 속도에 맞춰 대응해주되 아이가 해야 할 일과 나가야 할 방향과 속도를 적절히 유지할 수 있도록 견지하는 것, 즉 합당한 권위를 유지하는 것이 무엇보다 중요하다. 권위적이지 않은 권위를 갖는 것. 이 둘을 잘 구별해야 한다.

아이의 뇌는 발달을 거듭하면서 시기마다 획기적 변화를 겪는다. 그에 맞춰 사고 능력도 한 단계 상승하고, 세상을 전혀 다른 관점과 범위로 볼 수 있게 된다. 이때 부모는 각 발달 단계에 맞춰 아이를 대하고, 그러한 변화를 열린 마음으로 지켜보면서 더 많은 대화를 하고자 하는 태도를 보여야 한다. 아이가 불안해하는 원인이 다양한 사회적 관계에서 비롯된 것일 가능성을 열어두고 세심한 주의를 갖는 것도 필요하다. 변화에 발맞춰 이전과는 질적으로 다른 고민을 해야 하는 것이 모든 부모와 십대들에게 주어진 숙제다.

학교폭력 같은데
아이는 계속 아니래요

+++

"아얏! 야, 놔! 놓으라고!"

엄마는 세훈이의 방에서 들려오는 비명 소리에 화들짝 놀라 달려 갔다. 세훈이가 집으로 놀러 온 친구들과 방으로 들어간 지 10분이 채 되지 않아, 방 안에서 온갖 고성과 쿵쿵 소리가 들려왔다. 방문을 열어보니 남자 아이 셋이 침대 위에 뒤엉켜 발로 차고 헤드락을 걸 며 낄낄거리고 있었다.

"얘들아, 조심해! 그러다 다치면 어떡하니?"

"괜찮아요, 아줌마. 저희 만날 학교에서 이러고 놀아요."

"그래, 엄마. 우린 때리는 게 애정 표현이고 욕이 인사야. 방문 닫아줘."

엄마는 세훈이가 친구들과 과격하게 장난치는 것을 볼 때마다 가슴이 조마조마하다. 며칠 전에도 아이가 학교에서 친구들끼리 편을 나눠 서로 밀치고 놀다가 친구 안경이 부러지는 사고가 났다. 저러다 말겠지 싶어 잠자코 있지만, 집에서 컴퓨터 게임을 할 때도 보면 자기가 무슨 우주를 구한 영웅이라도 된 것처럼 군다. 덩치는 커지는데 하는 짓은 그대로니, 가끔 담임선생님의 문자라도 받는 날이면 가슴이 철렁한다. 두 살 아래인 여동생이 오히려 훨씬 의젓해서 누나로 보일 때도 많다. 슈퍼히어로가 나오는 영화라도 보고 오면 며칠은 붕붕 떠 있고, 말도 안 되는 웹툰이나 들여다보면서 낄낄거리는 것도 한심해 보이고, 친구들과 돌아다니면서 위험한 짓이라도 할까 봐 걱정이 된다. 우리 아들, 왜 이렇게 철이 없을까?

엄마는 아들을 이해할 수 없다

남자 아이는 영웅이 되고 싶어 하고, 세상을 구해야 한다고 믿는다. 위험하게 들릴지 모르지만, 자기가 아니면 세상을 구할 사람이 없다

　　　　　엄마의 빈틈이 아이를 키운다

고 여기면서 기를 쓰고 엄한 행동을 하는 사람들은 대부분 남성이다. 슈퍼히어로가 나오는 만화나 영화도 슈퍼맨, 스파이더맨, 배트맨 등 모두 '맨'이다. 문화적 차이나 교육의 효과라고 보기에는 뿌리가 깊다. 그 깊은 뿌리가 지금 남자 아이들의 심리에도 영향을 미치고 있다. 남자 아이들은 지고는 못산다. 달리기를 해도 죽자고 이겨야 하고, 게임을 해도 어떻게든 최고 기록을 깨야 하고, 만렙을 달성해야 직성이 풀린다. 영화를 볼 때도 등장인물 간의 로맨스나 줄거리에 집중하기보다 남자 주인공이 위험을 극복하고 세상을 구하고 미녀를 얻는 과정에 열광하고 몰입한다. 평소에는 지루하고 멍해 보이는 아이들도 이런 이야기를 하거나 작은 내기에서 이기기라도 하면 눈빛이 반짝거리고 생기가 도는 것을 쉽게 볼 수 있다.

이런 아들의 모습을, 엄마는 이해하기 어렵다. 그저 기를 쓰고 위험한 행동을 하는 것, 허황된 생각에 빠져 있는 것으로만 여기기 쉽다. 하지만 많은 학자들의 연구에 따르면 남자 아이의 이런 특성 중 상당수는 타고나는 것이다. 남성호르몬인 테스토스테론이 분비되어서 남성으로 성장해가는 과정에서 겪는 뇌의 발달 또한 여성과는 미묘하게 다른 방향으로 진행된다.

그래서 남자 아이들은 놀이를 하면서도 경쟁을 하고, 망토를 두르고 영웅을 흉내 내고, 악당이라도 멋있어 보이면 자신과 동일시하기 쉽다. 여자 아이들이 남자 아이들보다 일찍 사춘기를 겪고, 언어 감각이 빨리 발달하고, 공감 능력을 갖추는 데 비해 남자 아이들은 사춘기가 시작되면, 아니, 사춘기가 오기 전부터 1차 감각기관인 몸을 사용해 더 빨리 반응하고 행동하는 데 익숙해진다. 아프리카 속담 중에 '여자 아이는 삶이 자신의 가슴 바로 아래에서 자란다는 사실을 안다. 하지만 남자 아이는 그럴 수 없다. 남자 아이는 자신의 삶을 자기 손으로 직접 경작해야 한다는 사실을 안다'라는 말이 있다. 남자 아이는 머리로 시뮬레이션하고 가슴으로 느끼기보다, 직접 보고 만지고 행동하고 실수하면서 배운다는 뜻이다. 그 과정에서 부득이하게 위험한 상황에 처하기도 하지만, 이렇게 배우면서 몸에 각인되는 것만 진짜 자기 것이 된다. 여자 아이들이 친구와 대화하고 감정 교류를 하면서 자란다면 남자 아이들은 단체 활동에서 규율을 익히고, 형들에게 자신의 의지나 충동을 제재당하고, 논쟁해서 이기고, 게임으로 경쟁하며 자라는 것이다.

학교도, 사회도, 남자 아이를 모른다

남자 아이들이 필요 이상으로 과격하고 공격적인 행동을 해서 이해할 수 없을 때도 있지만, 그게 남자 아이들이 자라나는 방식이고 발달과정의 중요한 단계다. 그런데 최근에는 학교 환경 또한 남자 아이들을 이해하기보다는 구속하고 통제하려는 방향으로 가고 있다. 특히 학교폭력으로 자살하거나 정신적 고통을 겪는 아이들이 늘어나면서 아이들의 몸싸움, 경쟁적인 놀이에 예민하게 반응하게 된 것이다.

미국 펠 연구소의 톰 모텐슨(Tom Mortensen) 박사는 통계 연구를 통해 공립 초등학교와 중학교에서 남자 아이가 정학을 당할 위험은 여자 아이보다 2.5배, 퇴학당할 위험은 3.4배 높다고 발표했다. 남자 아이가 학습장애로 진단받을 위험은 2.7배, 정서장애로 진단받을 위험은 3.2배 높았다.

미국의 학자 크리스토퍼 호프 소머스(Christopher Hope Somers)는 사회 환경이 남자 아이들에게 특히 불리한 방향으로 변화한 것이 이런 결과를 초래하는 데 큰 영향을 미쳤다고 주장한다. 깃발 뺏기나 총싸움처럼 남자 아이들이 전통적으로 좋아하던 격렬하고 경쟁적인 놀이들은 1990년대 이후 미국 초등학교에서 사라졌다. 하지만 남자 아이들은 여전히 그런 놀이를 원하고, 그렇게 놀면서 자라난다. 결국 남성답게 성장하는 데 필요한 프로그램을 제공받지 못한 아이들이 쉬는 시간에 자신들끼리 격렬한 놀이를 즐기는 과정에서 여러 가지 문제를 일으켰고, 이를 대처하는 과정에서 부득이하게 학부모 면담을 해야 하거나 정학을 받는 경우가 늘어났다.

하지만 어릴 때부터 선생님에게 지적을 받고 혼나는 과정이 반복되면 성격과 인성의 기초가 되는 자존감이 낮아지기 쉽다. 또 학교를 싫어하고, 학교와 관련된 교육과 사회 질서 전반에 냉소적이고 부정적인 태도를 가질 수 있다.

이것이 미국만의 문제일까? 한국의 교육 환경도 남자 아이를 배려하지 않는 것은 마찬가지다. 전국 초등학교 교사 18만 623명 가운데 남자 교사는 4만 3,794명, 여자 교사는 13만 6,829명으로 남교사 비율은 24.2퍼센트에 불과하고, 남자 교사가 한 명도 없는 초등학교도 전국에 39곳이나 된다. 중학교의 남교사 비율은 32.5퍼센트이고, 고등학교는 과반수를 조금 넘고 있지만 곧 역전될 것으로 추정된다.

남자 아이 입장에서는 이런 현실이 어떻게 느껴질까? 학년이 올라갈수록 학업에 대한 부담이 늘어나고 많은 양을 효율적으로 공부해야 한다. 그런데 한 자리에 앉아서 오랫동안 집중하는 시간이 많아질수록 남자 아이들은 좋은 평가를 받기 어렵다. 이런 성향은 남자 아이들이 학교에 흥미를 잃고 더욱 과격한 놀이에 열중하거나 공격적인 행동을 하게 만드는 데에도 영향을 끼친다. 남녀가 스트레스에 반응하는 방식이 다르기 때문이다.

아들 둔 엄마가 죄인인 진짜 이유

스트레스를 연구하는 학자 로버트 새폴스키(Robert Sapolsky)는 남녀 모두 스트레스를 인지하면 스트레스 호르몬인 코르티솔(cortisol)이 상승하지만, 여성은 애착과 관련된 옥시토신이 함께 상승하는 반면 남성은 아드레날린이 상승한다는 점에서 차이가 난다고 했다. 그래서 여성은 스트레스를 받으면 사람들과 대화하고, 도움을 받으려고 노력하며, 좋아하는 일이나 공동체 의식을 느낄 수 있는 활동을 하면서 스트레스를 줄인다. 반면 남성은 아드레날린의 상승으로 전투 모드로 돌변해 더욱 긴장하고 탐색하면서 문제를 정면 돌파하려고 한다.

여성들이 자신이 맺고 있는 관계를 통해 자존감을 유지한다면 남성들은 자기가 '잘하고 있다'는 성취감을 기반으로 자존감을 유지한다. 이런 점에서 보면 학교 환경이 남자 아이들에게 스트레스를 주는 방향으로 변해가고 있다는 말이 더욱 설득력 있게 들린다. 남자아이는 스트레스를 받으면 더욱 충동적, 공격적이고 예민한 반응을 보이면서 그것을 해소하려고 하는데 이런 행동을 바라보고 통제하는 사람은 집에서는 엄마, 학교에서는 여교사니 말이다. 남자 아이를 키우는 엄마들이 "아들 둔 엄마는 죄인"이라고 말하는 데에는 남자 아이들의 이러한 특성을 이해하기 어려워하는 것도 한몫할 수 있다.

남자 아이의 이런 생물학적 요소를 잘 이해하지 못하면 은연중에 '문제아'라 인식하고 아이를 부정적인 시선으로 대할 위험이 없다고 할 수 없다.

모든 남자는 죽을 때까지 영웅을 꿈꾼다

마이클 거리언(Michael Gurian)은 그의 저서 《소년의 심리학》에서 이와 같은 남자 아이들의 특성을 이해하고 남자 아이가 남성으로 잘 성장하기 위해 필요한 요소들을 제시했다.

첫째, 남자 아이들끼리의 거친 행동과 다른 친구를 놀리고 공격적으로 행동하는 것을 일종의 '공격적 돌봄(aggressive nurturance)'으로 이해한다. 다른 사람들에게는 적대적이고 나쁜 행동처럼 보이겠지만, 남자 아이들의 세계에서는 이런 공격적인 행동으로 피해를 받는 아이가 일종의 '보살핌을 받을 대상'으로 인정받는다는 것이다. 여성인 엄마들은 이해하기 어렵겠지만, 아이는 잠시나마 자신의 마지막 자존감을 포기하고 굴욕적인 존재가 되는 모멸감 정도는 기꺼이 받아들인다. 이런 경험을 통해 앞으로는 친구들과 선후배들 사이에서 '패밀리'라는 인정과 존중을 받게 된다는 것을 알기 때문이다. 굴욕감도 느끼고 고통도 받지만 그러한 '공격적 돌봄'의 한편에는 자신들의 방식으로 친근감과 애정을 느끼기에, 그걸 기반으로 순간의 괴로움을 극복하면서 집단의 일원이 되는 것이다. 남자 아이에게는 이것이야말로 소중한 경험이 된다. 남자 아이들끼리 지내는 기숙사나 동아리에 짓궂은 통과의례 같은 신고식이 빠짐없이 있는 것도 이 때문이다. 인류학적으로 봐도 마사이족 남자들이 7세 때부터 사냥을 배우는 것, 가톨릭교회에서 어린 남자 아이들이 복사 활동을 하는 것도 비슷한 의미를 갖는다.

둘째, 강한 힘을 가진 권위자가 필요하다. 거리언은 아프리카 코끼리 무리를 예로 들면서 어린 코끼리가 강력한 우두머리에게 적절한 통제를 받지 못하면 무리 전체에 커다란 지장이 생긴다고 했다. 이때 우두머리 수컷이 강한 힘으로 어린 코끼리를 통제하면서 무리 안에서 자연스럽게 존중과 보호를 받고 지위를 획득할 수 있도록 서열을 정해주면 무리 내에서 안정을 느낀다는 것이다. 청소년기에 접어든 남자 아이에게는 학교, 집, 또래집단에서 자신이 믿고 의지하고 따를 수 있는, 권위를 인정할 수 있는 어떤 대상을 갖는 것이 필요하다. 가장 좋은 대상은 아마 아버지일 것이다. 그래서 아들이 청소년기가 되면 아버지가 같이 놀아주는 상대가 아니라, 먼저 사회에 진출한 인생 선배이자 가정 내 우두머리로서 권위를 보여주는 것이 좋

다. 여기서 중요한 것은 '권위적 대상'이 아닌 실제 '권위'를 몸소 보여주는 것이다. 이것만큼 남자 아이의 마음을 건강하게 안정시킬 수 있는 것은 없다.

셋째, 몸으로 직접 부딪히고 배우며 영웅이 되고 싶어 하는 남자 아이 특유의 심리를 인정하고, 그런 동기가 긍정적인 목적의식으로 변화할 수 있도록 도와주어야 한다. 어떤 일을 시킬 때에는 아이와의 대화를 통해 "왜 네가 이 일을 해야 하는지" 먼저 설명해주어야 한다. 충분히 이해시켜 스스로 납득하게 하지 않으면 남자 아이는 '질질 끌려간다'는 마음만 갖게 된다. 어릴 때에는 그저 부모에게 혼나고 싶지 않아서, 혹은 칭찬과 인정을 받고 싶어서 지시를 따랐다면, 이제는 부모가 아닌 '나 자신'이 납득할 수 있는 의미가 필요하다. 아주 어릴 때부터 갖고 있던 '세상을 구원하는 영웅이 되고 싶었던 마음'이 그저 환상이었다면, 이제는 그것을 실현시킬 현실적이고 구체적인 계획을 세우는 것이야말로 남자 아이에게 강한 동기부여가 된다.

하늘을 날고 우주를 가로지르는 초능력을 지닌 슈퍼히어로가 아닌, 현실의 영웅적 인간(Heroic Adult)이 되기 위해서 필요한 덕목을 거리언은 다음과 같이 제시한다.

Honorable	명예롭다
Enterprising	진취적이다
Responsible	책임감이 있다
Original	독창적이다
Intimate	친밀하다
Creative	창의적이다

남자 아이가 좋은 남자로 자라는 것은 참 어려운 일이다. 환경적으로도 여러모로 불리한 면이 많은 것이 사실이다. 그러니 남자 아이가 산만하고, 집중을 못하고, 경솔한 행동을 하고, 작은 스트레스에도 공격적인 반응을 보일 때 아이의 심리를 이해하려고 노력해야 한다. 영웅이 되고 싶어 하는 마음에 대고 "만화를 너무 많이 본 거 아냐? 꿈 깨"라며 냉소적으로 반응하지 말자. 냉소적 태도는 냉소적 아이를 만들 뿐이다. 충분히 공상하고 서서히 삶의 목적과 의미를 깨달으면서 지금 자신이 해낼 수 있는 일을 에너지 삼아 열정적으로 매진한다면, 남자 아이에게 이보다 더 좋은 일은 없을 것이다.

하루 종일 울다 웃다,
우리 딸 혹시 우울증일까요?

+++

난생처음 경험하는 호르몬의 급변

"너, 갑자기 왜 그래?"

엄마는 묵묵히 밥을 먹다가 갑자기 눈물을 쏟는 미희를 보고 깜짝 놀랐다. 평소 밝고 활기차던 아이가 느닷없이 닭똥 같은 눈물을 뚝뚝 떨어뜨리니 당황하지 않을 수 없었다. 밥을 입에 넣으면서도 눈물을 멈추지 못하던 미희는 결국 수저를 놓고 방으로 가버렸다. 무슨 일이냐고 물어봐도 묵묵부답. 베개를 뒤집어쓴 채 나가라고만 할 뿐이었다. 걱정이 되어 담임선생님이나 미희와 친한 친구들에게 물어보아도 평소와 다른 점이 없다고 하니 답답한 노릇이다.

미희는 언제부턴가 학교에 가는 것이 힘들고 버겁다. 친구들과 수다를 떠는 것도 재미가 없고, 수업 시간에도 멍하니 집중이 안 된다. 머리가 멈춰버린 것 같아 무섭기도 하고, 밤에도 잠이 안 오고 자꾸 이상한 생각만 하게 된다. 그렇지만 엄마에게 말하면 걱정하실 게 당연하니 뭐라고 털어놓을 수도 없다. 이렇게 사는 것이 힘들다면 차라리 죽는 게 낫겠다는 생각이 들 때도 있다. 도대체 뭐가 문제인 걸까?

우울증에 취약한 뇌는 따로 있다

결론부터 말하자면, 미희는 우울증에 빠져 있다. 한창 신나게 자랄 나이인 십대에도 우울증이 걸릴까? 그렇다. 사실 지금이야 우울함, 우울증이라는 말이 워낙 흔하게 쓰이기도 하고 세계보건기구에서도 2020년에 가장 심각한 5대 질환 중 하나가 될 것이라고 예측할 만큼 그 위험성이 강조되고 있지만, 50년 전만 해도 어린아이나 청소년에게는 우울증이 존재하지 않는다고 주장하는 학자들이 있었다. 우울 증상의 주요한 특징이 비관적, 염세적인 감정과 생각에 빠져 있는 것인데, 아직 추상적으로 생각하는 능력이 발달하지 않은 나이에는 개념적 사고 또한 할 수 없으니, 우울증에 걸릴 수도 없다는 것이다. 하지만 이후 의학이 발달하고 신체 변화에 대한 연구가 진행되면서 소아청소년기에도 우울증이 존재한다는 사실이 밝혀졌다. 1980년에 미국 정신과 진단분류체계인 DMS-III에 소아우울증이 포함되면서 그 실체가 인정된 것이다.

아이들이 스트레스를 많이 받으니 우울증이 생기는 건 당연한 결과라고 여길 문제가 아니다. 부모는 아이가 우울해하고 힘들어할 때 그것을 현실로 받아들이기보다 "네가 뭐가 힘들다고 그래? 집이 없니, 밥을 굶니? 엄마, 아빠가 더 힘들어"라면서 아이의 신호를 덮어두거나 무시하기 쉽다. 하지만 아이들은 성적 고민이나 친구 관계 같은 일상적인 스트레스로 괜한 엄살을 피우고 있는 것이 아니다. 정말 뇌가, 마음이 아픈 것이다.

여기서 말하는 우울증이란 단순히 기분이 우울한 것이 아니라 '병으로서의 우울증'을 의미한다. 정신질환으로서의 우울증은 뚜렷한 생리적 변화와 함께 나타나는데, 예를 들어 기분이 우울하고, 비관적인 생각을 하고, 삐딱한 태도를 갖고, 대인관계가 소극적이 되는 것만으로는 주요우울증이라 진단하지 않는다. 주요우울증은 흥미 저하와 뚜렷한 우울감이 2주 이상 지속되면서 수면욕, 식욕, 집중력, 활력이 저하되거나 변화가 보일 때 진단할 수 있다.

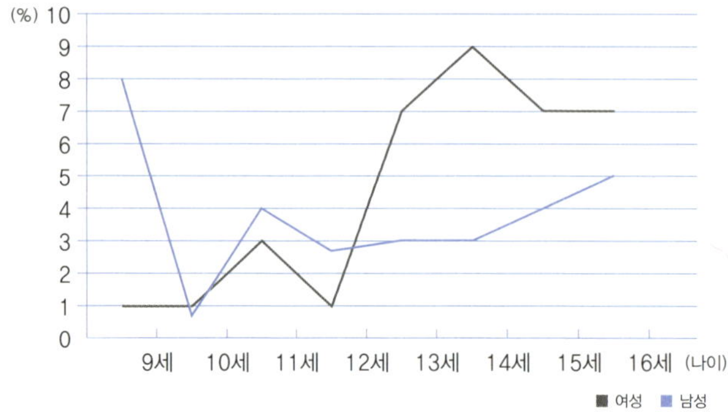

세로축: 연령에 따른 DSM-IV 3개월 우울증 유병율 변화
(Angold 2006, Child & Adolescent Psychiatry Clinical North
America 15: pp 919-937에서 변형하여 수록)

즉, 우울증이란 생리적 변화가 동반된 몸과 마음의 총체적 문제라 할 수 있다. 초등학생 때에는 남녀 비율이 비슷하거나 남자 아이가 주요우울증에 더 많이 걸리는데, 그 비율을 약 2퍼센트 정도로 추산한다. 그러나 청소년기가 될수록 우울증이 급격히 늘어나 5퍼센트까지 증가하고 남녀 사이에도 차이가 벌어져 여자 아이들이 3대 1 정도로 많아지는데, 이는 성인기와 비슷한 수치다(우리나라는 2005년 역학 조사 결과 고등학생에서 2.1퍼센트 정도가 발견되었다). 이런 변화의 원인은 스트레스를 인지하고 해석하는 방법의 차이와 성호르몬이 본격적으로 분비되기 시작하는 2차 성징의 발현으로 주로 해석된다.

　대개 여자 아이들의 우울증은 12세를 지나면서 확연히 늘어나는데, 2차 성징에 따른 신체 변화를 5기로 나눠 평가하는 태너 스테이지(2차 성징의 기준이 되는 유방, 음모, 성기의 발달정도를 객관적으로 평가하기 위해 사춘기의 신체변화를 5단계로 나눈 것. 영국의 소아과 의사 제임스 태너가 개발했다)에 따라 분류해도 뚜렷한 변화를 발견할 수 있다.

　여성의 경우 출산 능력이 생기면서 난소에서 성호르몬이 분출되고, 한 달이라는 생리주기에 따라 에스트로겐과 프로게스테론이 분비되다가 급격하게 줄어드는 과정이 반복된다. 그래서 십대 때부터 배란통, 생리통과 같은 불쾌한 신체 증상을 경험한다. 그런데 그걸로 끝이 아닌 사람들이 있다. 이러한 호르몬은 혈관을 따라 온몸을 돌아다니는데, 뇌의 특정 부위가 이 호르몬의 변화에 민감하게 반응하는 사람들이 있다. 인간의 뇌는 아주 정밀하게 설계된 기계와 같다. 한 달 간격으로 롤러코스터를 타는 특정한 호르몬이 분비되면 지금껏 안정적인 환경에서 지내던 뇌가 얼마나 놀라겠는가? 금방 잘 적응하거나 무던한 뇌도 있겠지만 그렇지 못한 뇌도 있을 것이다. 그런 뇌가 우울증에 취약한 뇌다. 하지만 다른 관점에서 보면 그만큼 섬세하고 예민한 감정을 타고난 사람이라고 할 수도 있다.

　생리주기는 출산이라는 소중한 사명을 지니고 있는 여성들이 어쩔 수 없이 감당해야 하는 신체 시스템이다. 이 시스템으로 여성들은 젊은 시절에 한 번, 임신과 출산, 산후우울증을 겪으면서 한 번, 중년이 되어 30여 년간 겪었던 생리주기를 마감하는 시점에서 한 번, 이렇게 세 번에 걸친 몸과 마음의 급격한 변화로 엄청난 감정 기복과 우울증상을 경험한다. 남성들은 이런 수고를 하는 세상의 모든 여성들에게 감사하는 마음을 가져야 한다.

여자 아이들에게 나타나는 우울증상은 호르몬의 영향으로 특유의 양상을 보인다. 먼저 생리주기에 따라 감정 변화가 주기적으로 나타난다. 배란기가 시작되면서 짜증이 늘고, 감정 기복도 뚜렷해진다. 그러다가 생리가 시작된 다음 날부터 신기할 정도로 기분이 나아진다.

몸의 변화 또한 뚜렷하다. 집중력이 떨어져서 멍해 보이고 반응이 느려진다. 생각은 하지만 몸이 따르질 않는다. 그래서 대화를 쫓아가기 어렵고, 혼자 딴 생각을 하다가 뒷북을 치기도 한다. 그래서 남들 눈에는 뭔가 답답하고 굼떠 보이지만 단지 전반적인 생체리듬이 느려진 것일 뿐, 당사자는 일부러 그러는 것이 아니다. 평소에 보던 드라마를 0.8배 속도로 보는 것이라고 해야 할까. 감정 조절이 쉽지 않아 특별한 일이 없어도 한번 눈물이 나면 주체하지 못하고, 너무 많이 자거나 전혀 자지 못해 피곤해하는 경우도 많다. 식욕이 뚝 떨어지거나 탄수화물 음식, 혹은 피자나 햄버거같이 기름진 음식을 폭식

  엄마의 빈틈이 아이를 키운다

해도 포만감을 느끼지 못해 체중이 급격히 늘어나기도 한다.

이와 같은 변화를 단순히 여자 아이들의 복잡하고 힘든 생활 스트레스만으로 설명할 수 없다. 식욕, 수면중추와 같은 뇌 기능의 변화가 가져오는 결과이기 때문이다. 그러므로 이러한 우울증상이 있을 때 "네 나이 때는 누구나 그래"라고 쉽게 말해서는 안 된다. 가만히 둔다고 좋아지지 않기 때문이다. 또 오래 방치할수록 만성화가 되어 자아정체성에도 상처를 줄 수 있다. '나는 못난 아이', '아무도 나를 좋아해주지 않아'라고 자신을 규정해버린다. 그런 생각과 판단, 삶의 태도가 습관이 되면 우울증상이 좋아진 다음에도 여전히 생활 곳곳에 부정적 영향을 줄 것이다. 성인기에도 이러한 증상이 계속되면 건강한 사회인으로 생활하기가 힘들어진다. 그러므로 부모와 아이 모두 우울증상을 잘 이해하고 이런 변화를 그저 누구나 겪는 문제, 가만히 두면 자연스럽게 좋아질 현상으로 보기보단, 필요하다면 병원을 찾아야 할 문제로 인식하는 노력이 필요하다.

잘 먹고 잘 자는 것이 문제해결의 기본

이번에는 병원을 찾을 정도는 아니지만 평소 쉽게 우울감에 빠지거나 자신감이 부족한 아이들을 생각해보자. 이런 아이들은 학업 문제, 친구 문제, 부모와의 문제가 일상적으로 벌어질 때 묵묵히 헤쳐 나가기보다 매번 급소를 찔리는 듯한 통증을 느낀다. 그럴 때마다 세상을 원망하고 '비뚤어질 테야'라고 화를 내기도 하지만 현실은 바뀌지 않는다. 그래서 더 좌절하고 힘들어진다. 생활리듬도 엉망이 되기 일쑤다.

이런 상황에 빠진 아이들은 어디서부터 시작해야 건강한 리듬으로 돌아갈 수 있을까? 나는 무엇보다 작은 행동부터 바꿔보자고 제안하고 싶다. 사람들은 누구나 거창하고 원대한 변화를 꿈꾸지만 그런 드라마틱한 변화는 쉽지도 않을뿐더러 시간이 너무 오래 걸린다. 가뜩이나 에너지가 부족하고 성공의 경험 또한 많지 않은 사람이라면 금방 지쳐서 포기하기 쉽다. 그러니 소소하지만 확실하고 하기 쉬운 것부터 바꿔보자. 먹고 자는 리듬부터.

'등 따숩고 배부르면 장땡'이라는 옛말이 있다. 일단 잘 먹고 잘 자는 것부터 시작하자. 지금 아이들은 학교와 학원 때문에 먹고 자는 가장 기본적인 생활리듬조차 매우 불규칙적이다. 지금의 마음이 왠지 모르게 불편하고, 불안하고, 두렵다면? 부모와 아이 사이에 자꾸 갈등이 생기고, 생활습관도 흐트러지는 것 같다면?

강한 의지력으로 극복하는 것, 서로가 깊은 대화를 통해 신뢰를 회복하는 것, 심리 상담을 받는 것, 모두 좋다. 그러나 그 전에 먼저 해야 할 일이 있다. 먹고 자는 습관을 바로잡는 것이다. 일정한 시간에 자고 일정한 시간에 일어나며, 아침식사는 가급적 거르지 않는다. 아니, 서로가 최대한 노력해서 간단한 아침 한 끼라도 가족이 함께 먹는 습관을 들이자. 맞벌이 부부의 정신없는 아침 풍경이나 아이들의 이른 등교 시간을 생각하면 무척 어려운 일이겠지만, 이런 노력이야말로 돈 들이지 않고 가장 손쉽게 실천할 수 있는 효율적인 방법이다. 나중에 많은 돈을 들여 병원에 다니거나 아이가 끝내 학교와 사회에 적응하지 못해 소위 '은둔형 외톨이'가 된다면, 그때는 어찌하겠는가? 모든 변화의 시작은 삶의 리듬을 정상화하는 것이다. 부모와 아이 사이의 소통 문제, 학업 스트레스의 수위 조절, 학교나 단체 생활에 대한 적응 문제 등은 그다음에 고민할 일이다.

생리적 변화를 비롯한 일상생활에서의 어려움이 일정 기간 이상 이어진다면 우울증일 가능성이 있다는 것을 부모와 아이가 함께 이해하는 것, 그리고 만약 그런 문제가 생긴다면 현실을 인정하고 전문가의 도움을 받는 것을 주저하지 않는 것. 그것이 아이의 가슴에 더 크고 깊은 상처가 생기기 전에 부모가 할 일이다.

4부

빈틈은
허용이다

암만 못해도 평균은 해야지

+++

보통이 되는 것도 보통이 아니다

"엄마……."

"왜? 무슨 일 있어? 왜 이렇게 기운이 없어?"

집에 들어오자마자 소파에 털썩 주저앉는 현성이를 보고 놀란 엄마가 물었다. 며칠 전까지만 해도 이번 기말고사를 잘 쳤다고 신이 나 있던 아이였다. 중간고사에 비해 가채점 점수도 상당히 높은 데다 평소보다 공부도 훨씬 일찍 시작했던 터라 엄마도 내심 흐뭇해하고 있었다.

"성적표가 나왔는데…… 등수가 이상해."

현성이가 맥없이 건네는 성적표를 들여다본 엄마는 깜짝 놀랐다. 평균 점수는 훨씬 올라갔지만 전체 석차는 도리어 떨어진 것이 아닌가! 심지어 85점을 받았는데도 전체 석차가 중간밖에 안 되는 과목도 있었다. 중간고사 평균이 78점이었는데 기말고사는 평균 90점이 훌쩍 넘었으니 아주 잘한 것인데도 이런 결과가 나온 것이다.

"공부하면 뭐해? 나만 잘 친 것도 아니고, 등수는 늘 그 자리인데……."

울먹이는 현성이를 보면서 엄마도 힘이 쭉 빠졌다. 엄마 역시 등수를 기대했던 터라 실망감이 가득했다.

현성이의 사례는 요즘 아이들의 삶이라 할 수 있다. 많은 아이들이 나름대로 열심히 노력하고 좋은 결과도 곧잘 내지만, 막상 결과물을 가지고 줄을 세워보면 만족감이나 뿌듯함을 느끼기가 쉽지 않다. 잘하는 아이들이 너무 많다 보니 아무리 열심히 해도 만족할 만한 성과를 내기가 어렵고, 그러다 보니 조금만 뒤처져도 이대로 영원히 '루저'가 될까 봐 겁을 낸다. 아무리 아등바등해도 지금 자리를 유지하는 것조차 벅차니, 더 앞으로 나아가는 것은 엄두조차 내기 어렵다.

사실 이것은 아이들만의 문제는 아니다. 우리 사회에서 스스로 만족하는 삶을 사는 사람을 찾기란 무척 어려운 일이다. 50년 전에 비하면 엄청난 발전을 이루었고 상상할 수 없을 정도로 풍족해졌지만 삶의 만족도는 높아지지 않았다. '보통'과 '평균'의 기준점이 슬금슬금 올라가다 보니 이제 웬만큼 해서는 '이 정도면 됐다'라고 만족할 만한 성취감을 맛볼 수 없게 되었다.

아이들 성적만 봐도 그렇다. 2012년 서울 시내 중학교의 영어 성적 분포를 보면, 지역별로 차이가 있지만 전체 학생 중 A등급(90점)을 받은 비율이 대원국제중학교는 무려 87.1퍼센트, 일반 중학교인 진선여중은 58퍼센트, 인창중은 54퍼센트, 전농중이 53퍼센트였다. 학급 인원의 절반 이상이 A등급을 받은 것이다. 그러니 85점을 받으면 중하위권이 되는 황당한 결과가 나타난다. 상식적으로는 A등급이 10~20퍼센트, B나 C등급이 60퍼센트 정도를 차지하는 항아리 모양으로 나타나는 것이 이상적인 성적 분포다. 그런데 만약 위에서 언급한 학교 학생이라면 시험에서 최소한 90점은 받아야 '휴, 겨우 중간은 했네'라고 생각할 것이다. 그러니 안심할 수 없다. 80점을 받은 학생 또한 나름대로 열심히 했음에도 열등감과 좌절감을 느낄 것이고, 공부에 대한 의욕이나 성취감을 맛보기 어려울 것이다.

이는 어른들의 삶의 수준에 대한 자각에서도 드러난다. 2013년 초에 한국리서치에서 남녀 1만 명을 대상으로 조사한 바에 따르면, 한 달 가구 소득이 400만 원 정도인 사람은 자신이 경제적으로 '중하층'에 속한다고 대답했다. 자신이 중중층, 즉 딱 중간이라고 답한 사람의 가구 소득은 530만 원 정도였다. 하지만 통계청 자료를 보면 지난해 중하층(하위 20~40퍼센트)의 월평균 가구 소득은 271만 원, 중중층(하위 40~60퍼센트)의 소득은 370만 원이었다. 사실은 중상층이면서도 자신이 '중하층'이라 생각하고, 또 '이 정도는 되어야지'라고 생각하는 기준을 높게 잡고 있으니 '평균' 내지는 '보통'의 삶을 살기가 어려울 수밖에 없다.

'중간은 해야 체면 유지라도 하지'

왜 이런 일이 나타나는 것일까? 가장 대표적인 이유는 다른 사람과 비교하기 때문이다. 문제는 그 비교가 정확하거나 객관적이지 않은 경우가 많다는 것이다. 우리나라 사람들은 자신과 주변 사람들을 비교하는 것을 중요하게 여긴다. 물론 내적 동기로 움직이는 사람도 있겠지만, 그보다는 나와 사정이 비슷한 주변 사람들과 비교하면서 그 안에서 내 위치를 확인하고 속도와 방향을 조절하는 것이 일반적이다. 자기보다 앞서 가는 사람이 있으면 속도를 더 내려 하고, 내가 앞서 가고 있으면 조금은 안심이 되어 살짝 긴장을 푼다. 그런데 실제로는 긴장을 푸는 경우보다 나보다 앞서 가는 사람을 따라 가면서 더 열심히 노력하는 경우가 대부분이고, 앞서 가는 사람에 맞춰 잡은 기준점은 쉽게 내리지 않는다. 그러다 보면 마음속에 자리한 '보통의 기준'은 어느새 감당하기 어려운 수준에 도달해 있다.

헬스클럽에서 러닝머신을 타는 것을 상상해보자. 처음에는 속도를 5로 맞추고 천천히 걷는다. 그런데 옆 사람이 속도를 높이면 나도 모르게 속도를 높이고, 그 사람이 뛰기 시작하면 나도 뛰고 싶어진다. 그러다 보면 어느새 10~12의 속도로 달리고 있는 나를 발견한다. 처음 옆 사람의 속도에 뒤처지지 않으려고, 아니, 더 빨리 달리려다 자신도 모르게 무리하는 것이다. 그런데 만약 그 헬스클럽에서 러닝머신을 타는 사람들이 모두 그 속도로 달린다면? 겉으로는 다들 아무렇지 않게 달리고 있지만 속으로는 '대체 누가 이 속도로 달리기 시작한 거야? 체면 때문에 늦추지도 못하겠네'라며 헉헉대면서도 계속 뛰고 있다면?

지금 우리 사회의 모습이 러닝머신 위의 상황과 비슷하다. 슬금슬금 속도를 올리다가 모두가 감당하기 힘든 지경이 되어야 '겨우 남들 하는 수준'에 도달했다고 생각하는 것이다. 그러면서도 누구 하나 "우리 이제 적당히 좀 합시다"라고 용기 있게 말할 사람이 없다는 것이 이 시대의 비극이다.

'보통'이 보통이 아닌 한국 사회

최근 한 신문에 흥미로운 기사가 실렸다. 강남과 목동의 영어학원에서 초등학교 5학년, 중학교 2학년이 배우는 단어를 같은 나이의 영국 학생에게 물어보았다. 그 결과 영어를 모국어로 쓰는, 심지어 그곳에서 제법 똑똑하다고 평가받는 영국 학생들의 정답률이 생각보다 낮았다. 초등학교 5학년은 40개 중 7개, 중학교 2학년은 40개 중 15개를 모른다고 표시한 것이다. 강남의 영어 독서클럽에서 가르치는 단어를 물어보니 이번에는 30개 중 아는 단어가 고작 7개에 불과했다.

이에 대해 어도선 고려대 영어교육학과 교수는 "보통 영미권 아이

● http://news.naver.com/main/read.nhn?mode=LSD&mid=sec&sid1=102&oid=032&aid=0002362616

 엄마의 빈틈이 아이를 키운다

들이 초등학교를 졸업할 때 알게 되는 단어 수가 1만 2천~1만 3천 개 정도인데 우리나라에서 토플을 준비하는 초등학생, 중학생들은 평균 2만 2천 단어를 외운다. 이것은 현지의 고1 수준을 넘어선다”고 지적했다. 앞에서 예로 든 중산층의 기준처럼, 영미권 아이들에게도 부담스러운 학습 수준을 ‘기준’으로 세워놓고 ‘나는 평균 이하’라고 여기며 열등감을 가지게 하는 것이 우리의 비극적인 교육 현실인 것이다.

삶의 수준이나 지적 능력, 성취도는 일반적으로 문명의 발달과 함께 상승한다. 지능도 그렇다. 1950년 이후 현재까지 미국 아이의 아이큐 지수는 10년마다 3점씩 꾸준히 상승해왔는데, 이것을 ‘플린 효과(Flynn Effect)’라 한다. 사회 전체적으로 봤을 때 삶의 ‘평균 수준’이 상향평준화되면 삶에 대한 개개인의 만족도도 그만큼 높아진다는 주장이 있지만, 꼭 그런 것만은 아니다.

이런 문제는 아이가 태어나는 순간부터 시작된다. 최근 몇 년간 우리나라에서 가장 많이 팔린 유모차의 평균 가격을 보면 눈이 휘둥그레진다. 처음에는 일부 부유층에서 수입 명품 유모차를 사용했지만, 어느새 시내 곳곳에서 보이는 것을 발견할 수 있다. 우리나라 대도시에서는 수백만 원을 호가하는 값비싼 명품 유모차가 어느새 평균과 보통이 되어버린 것이다.

우리는 왜 이렇게 평균과 보통 수준에 진입하기 위해 안간힘을 쓰는 것일까? 여기에는 동양인의 보편적 심리가 상당한 원인을 제공한다. 서양인과 동양인을 상대로 한 어느 연구에서, 연구진이 실험 참가자들을 임의로 두 그룹으로 나눈 뒤, 한쪽 그룹에는 테스트 결과가 평균보다 좋다고 언급했고, 다른 그룹에는 평균보다 낮다고 언급했다. 이때 평균보다 잘했다는 말을 들은 동양인들은 더 이상 실험에 열심히 참여하지 않았다. 하지만 못했다는 평가를 받은 동양인들은 안 풀어도 되는 여분의 문제까지 열심히 풀었다. 남들보다 못했다는 것이 큰 자극을 준 것이다. 그런데 서양인은 반대로 잘했다는 칭찬을 들을 때 더 열심히 하는 경향을 보였다.

이 연구 결과를 보면 한국인들이 어떤 행동을 하는 데 있어 주요 동기는 평균에서 벗어나지 않는 것임을 알 수 있다. 내가 설정한 목표치를 달성하기 위해 노력하기보다 평균보다는 나아야 한다는 불안감이 더 강력한 동기가 되는 것이다. 오죽하면 어른들이 흔히 하는 조언 중에도 "너무 튀지도, 뒤지지도 말고 딱 중간만 하라"는 말이 있을까.

평균을 추구하는 이런 습성은 안정감을 준다. 그리고 전체적인 집단의 수준을 높일 수 있다. 개인의 입장에서 평균 수준을 유지하는 것은 집단 내에서의 생존 가능성도 높여준다. 하지만 미래를 대비할 능력은 상대적으로 떨어진다. 집단 구성원들이 모두 평균을 추구한다면 균등한 수준을 유지할 수는 있지만 예측하지 못한 상황이 벌어졌을 때 위험요소가 되기 때문이다. 평균을 지향하는 것은 '안전하다'는 느낌을 줄 뿐이지만, 전체적인 관점에서 볼 때 다양한 능력을 많이 갖추는 것은 그저 좋은 것에서 끝나는 것이 아니라 그 집단이 앞으로 생존하는 데 엄청난 도움이 된다. 결국 평균 수준을 높게 유지하는 것이 지금은 좋을지 모르나, 앞으로도 유효할지는 아무도 모른다는 것이다. 특히 오늘날처럼 평균의 기준이 지나치게 높아서 그 수준을 유지하는 데 너무 많은 노력을 쏟아야 하고, 이로 인해 다양성을 추구할 기회를 놓치는 상황이라면, 전략을 수정하는 것이 장기적으로는 더 나은 태도다.

20년 후를 예측할 수 있는 사람은 없다. 영어 시험에서 100점을 받는 것이 지금 당장은 좋을 수 있지만, 20년 후에도 영어 실력이 중요할까? 그것은 알 수 없는 일이다. 그러니 단순히 경쟁에서 이기는 것, 중간을 유지하면서 안정감을 느끼는 것이 삶의 목적이 되어서는 안 된다. 그래야 이유 없는 불안, 쓸데없는 좌절감과 우울함, 열등감을 느끼지 않는다. 하지만 이 문제를 개인의 노력만으로 해결하기란 쉽지 않다. 외톨이가 되거나 낙오자로 인식될 수 있기 때문이다.

구조조정이 필요한 평균의 논리

비현실적인 평균을 유지하기 위해 모든 에너지를 쏟으면서 남과 똑같은 삶을 추구하기보다, 지금이라도 남과 다른 '나만의 경쟁력'을 키우는 것이 좋은 목표가 되는 세상이었으면 한다. 그리고 그런 아이들이 자신만의 성공을 거두고 자기 삶에 만족하는 모습을 다른 사람들이 볼 수 있어야 한다. 그래야 5,000만 국민이 똑같은 목표를 정하는 세상, 아이들이 국영수에서 평균 이상의 점수를 받아야 안심하는 세상에서 벗어날 수 있다. 의도적으로라도 그런 삶을 인정하고 우대했으면 한다. 이것이 '보통이 되는 것도 보통 일이 아닌' 우리 사회가 바뀌는 방법이다. 나만의 기준을 만들고 남들과 비교하지 않는 것, 내 기준에 맞는 보통과 평균을 정하고 내 페이스를 유지하려 노력하는 것. 지금 우리 사회에는 이 두 가지가 무엇보다 필요하다.

또한, 자기만의 방식으로 살아가는 사람들을 자연스럽게 받아들여야 한다. 그들의 삶을 사회 부적응자 내지는 괴짜의 기행 정도로 바라보는 것이 아니라, 불확실한 미래를 대비할 수 있는 새로운 삶의 방식으로 받아들이는 것이다. 경쟁력 없는 루저가 가는 길이라고 삐딱한 시선으로 바라볼 것이 아니라, 처음부터 본인이 좋아서 선택한 길이라고 응원해줄 수 있는 여유로운 마음이 필요하다.

마지막으로, 지금과 같은 경쟁은 승자와 패자 모두 망할 수밖에 없는 제로섬 게임이라는 것을 인식해야 한다. 교육이나 육아와 관련된 기준치를 올려서 이득을 보는 사람은 사교육 종사자들뿐이다. 모두가 이것이 '미친 게임'이라는 것을 알고 있지만, 아무도 "이제 제발 멈춥시다"라고 말할 용기를 내지 못하고 있다. 대학 간판 하나를 위해 전 국민이 이렇게 사교육에 많은 투자를 하는 것이 얼마나 비효율적인지, 사실 우리 모두 알고 있다. 그렇지만 불안을 이기지 못해 너나 할 것 없이 달려들고 있다.

그래도 희망은 있다. "이건 아니야"라고 말하는 사람이 하나둘 늘어나면 돌파구는 열린다. 아이들이 낙오자가 될까 봐 겁이 나는 것은 부모의 당연한 불안이지만, 반대로 아이들을 그 무리에서 해방시킬 때 아이와 부모의 살 길이 열릴 것이다. 그리고 이러한 가치에 동참하는 사람들이 늘어날수록 새로운 길은 점점 넓어질 것이다. 지금처럼 '말도 안 되는 평균'을 유지하기 위해 아무도 만족하지 못하는 무한 노력을 계속하다가 다함께 침몰하는 시스템은, 다음 세대를 위해서라도 반드시 정리해야 한다.

난 네 나이 때 올백도 받았는데 넌 왜 못하니?

+++

'최상주의자'일수록 일찍 지친다

"뭐야! 너무 뜨겁잖아!"

원섭이가 입안에 넣은 밥을 확 내뱉으며 소리를 질렀다. 늦잠을 잔 원섭이를 얼르고 달래 식탁 앞에 앉힌 것이 화근이었다.

"어머나, 미안해. 지금 막 지은 밥이라……."

밥 한 숟갈이라도 먹이고 싶었던 엄마는 원섭이의 짜증에 어쩔 줄 몰랐다.

"에이, 안 먹어! 갈 거야!"

쾅쾅거리며 신경질적으로 집을 나섰지만, 원섭이도 마음이 편하

지는 않았다. 최근 들어 엄마에게 짜증을 내는 경우가 부쩍 많아졌
기 때문이다.

"아, 나 요즘 왜 이러지? 머리가 이상해진 것 같아."

원섭이는 최근 몇 달 사이 자신이 뭔가 이상해졌다는 느낌을 받기
시작했다. 고등학교 2학년 때까지만 해도 모든 것이 순조로웠다. 중
학교에서는 줄곧 1등을 차지했고, 고등학교에 와서도 한눈 팔지 않
고 열심히 공부한 덕분에 계속 상위권을 유지했다. 그렇게 좋아하는
영화도 2년 넘게 보지 않았고, 학원도 절대 빠지지 않았다. 선생님도,
부모님도, 원섭이 자신도 이제 1년만 더 고생하면 충분히 원하는 대
학에 갈 수 있을 거라 믿고 있었다.

그런데 이 중요한 시기에, 갑자기 이상한 증상이 나타나기 시작
했다. 시작은 공부였다. 언제부턴가 공부가 전혀 손에 잡히지 않았
다. 두 시간 동안 참고서를 잡고 있어도 진도가 나가기는커녕 집중
조차 되지 않았다. 2주 후에 전국 모의고사를 치르는데 이러다간 큰
일이 날 것 같았다. 설상가상으로 피곤은 풀리지 않고 눈을 뜨고 있
기도 힘들다. 식사 시간이 되어도 배가 고프지 않고, 책상 위에 엎드
려 잠시 눈을 붙이려 해도 잠이 오질 않는다. 머릿속은 온통 미로 같
고, 몇 장 풀어본 문제집에는 틀린 문제와 실수한 내용들이 가득하
다. 갑자기 겁이 났다. 하루아침에 바보가 된 걸까? 머리가 망가진

걸까?

‘나 왜 이러지? 그동안 어떻게 해서 여기까지 왔는데, 이러다 망하는 거 아냐?’

"난 그저 최선을 다했을 뿐이에요"

원섭이는 초등학생 때부터 땡땡이는 상상해본 적도 없고, 친구들과 PC방에 가거나 운동을 할 때도 시간을 정해놓고 칼같이 지키는 아이였다. 시간이 아까워 집안행사에도 빠졌다. 어떤 과목도 소홀히 하지 않았고, 모자란 부분은 늘 보강했다. 이렇게 열심히 한 원섭이에게, 그것도 왜 고3을 코앞에 둔 이 중요한 시기에 이런 고비가 찾아온 것일까?

원섭이가 잘못한 것이 하나 있다. 바로 ‘너무 열심히’ 한 것이다. 그게 말이 되냐고? 그렇다. 충분히 말이 된다. 열심히 하는 것, 최선을 다하는 것은 분명히 옳고 당연한 일이다. 적어도 원칙상으로는.

원섭이는 바람직하게 살고 있다. 더 많은 아이들이 원섭이처럼 성실하게 노력하지 않아 부모들의 속을 태우고 있는 것이 사실이다. 그러나 ‘최선’과 ‘열심히’가 늘 삶의 마스터키는 아니다. 어떤 경우에는 그것이 내 삶의 족쇄가 될 수도 있다. 특히 열심히 노력해서 성공한 경험이 있거나 성실과 꾸준함이 자신의 장점이라고 여기는 사람, 학업 영역에서 성취를 거두는 사람일수록 '열심히' 하는 것에 강박적으로 몰두하다가 마음의 에너지가 고갈되는 경우가 많다.

마음의 에너지는 유한하다. 썼으면 채워야 한다. 아무리 체력이 팔팔한 아이들이라 해도 하루 종일 머리를 쓰고, 늦게 자고 일찍 일어나는 생활을 반복하고, 주말에도 쉬지 않고 공부만 한다면 에너지는 결국 바닥을 보인다. 마르지 않을 것 같은 우물도 계속 물을 퍼내기만 하면 언젠가는 말라버리는 것과 비슷한 원리다. 문제는, 에너지가 고갈된 아이들을 보면서 부모들은 이렇게 생각한다는 것이다.

'아니, 얘가 왜 이러지? 보약이라도 먹여야 하나? 아님 영양제를 좀 먹일까?'

'며칠 쉬면 나아지겠지. 이 중요한 시기에 이러면 안 돼.'

하지만 보약을 먹거나 며칠 쉰다고 해서 아이는 나아지지 않는다. 지금 아이의 내면은 물고기가 다 자라기도 전에 마구잡이로 어획해서 완전히 황폐해진 어장과 같기 때문이다. 너무 어린 나이에 너무 빨리 달리기 시작한 것, 문제는 바로 이것이다.

부모 세대보다 10년 더 빨리,
더 많이 달리는 아이들

생각해보면 부모 세대와 지금의 아이들은 인생의 달리기를 시작하는 시점이 달랐다. 부모 세대 때는 아무리 공부를 잘하는 사람도 빨라야 중학교, 일반적으로는 고등학교에 들어간 다음부터 공부에 몰두하기 시작했다. 그래도 대학에 들어가고 사회생활을 하는 데 어려움이 없었다. 부모 세대의 친구들 중에는 고등학교 2학년 때까지 실컷 놀다가 마지막 1년 동안 죽도록 공부해서 명문대에 입학한 신화의 주인공들이 한 명씩은 꼭 있었다.

그런데 지금은 어떤가? 오늘날에는 유치원에 들어가는 순간부터 고생문이 열린다. 한국말도 제대로 못하는데 영어 공부도 해야 하고, 읽어야 할 책도 많다. 사교육 종사자들은 초등학교 4학년 때 대학이 결정된다며 하루라도 빨리 공부를 시작하라고 부추긴다. 초등학교 고학년 때 아무 생각 없이 학원에 상담을 받으러 갔다가 상담교사로부터 "왜 이렇게 늦게 오셨어요? 이미 늦었지만 지금부터라도 정신 차리고 열심히 하면……"이라는 무서운 지적을 받은 엄마들은 정신이 번쩍 들면서 지금 당장 뭐라도 시켜야 할 것 같은 불안감에 사로잡힌다. 그러다 보니 대학이라는 결승점을 향해 달리는 시점이 점점 당겨진 것이다. 지금 아이들은 부모 세대에 비하면 최소 10년 일찍 공부를 시작한다. 그러니 먼저 달리기 시작해 선두를 유지하던 아이일수록 일찍 지칠 수밖에 없다. 고등학생 때, 혹은 대학에 들어간 후 퍼지는 아이들을 보면 참으로 안타깝다. 이런 현실을 알면서도 옆에서 다들 달리니 나 역시 불안해서 아이를 부추기는 것이 우리의 교육 현실이다.

'올백 신화'가 아이를 망친다

부모 세대부터 전설처럼 내려오는 나쁜 신화도 이런 일이 생기는 데 한몫한다. 바로 '올백 신화'다. 어학계열인 국어와 영어, 수리계열인 수학과 과학 모두 탁월하면서 예체능까지 완벽한 올백은 초등학생 시절에는 가능한 점수일지 모르지만, 중학교 이후로는 불가능한 일이고, 심지어 바람직한 일도 아니다. 올백을 받는다는 것은 그가 타고난 천재이거나, 평가 방식에 문제가 있다는 뜻이다.

그러나 초등학교 저학년 시기에 각인된 '전 과목 올백'의 맹목적 추구는 완벽한 사람을 만들기 위한 노력으로 이어지고, 모든 과목에서 우수해야 공부를 잘하는 사람이라는 잘못된 믿음을 심어준다. 고등학교 내신관리 역시 모든 과목에서 빠짐없이 잘하는 사람을 만들려는 욕심이 만들어낸 시스템이다. 한 문제 차이로 격차가 벌어지는 시스템에서 아이들은 3년이라는 긴 시간 동안 한 번이라도 실수를 하면 최상위권 대학은 영원히 꿈도 꾸지 못하게 되어버렸다. 그러니 아이들이 '실수하지 않기', '모든 과목을 완벽히 하기'에 대한 강박을 갖지 않을 수 없다.

실수하지 않고 잘해야 한다는 압박감은 성공할 가능성이 높은 사람들에게 더 크게 작용한다. 일상적인 일을 원활하게 하기 위해 작동하는 작업기억(working memory)을, 잘해야 한다는 압박감과 이와 연관된 생각들로 온통 채워버리는 것이다. 그러다 보니 뇌가 작동할 수 있는 영역이 점점 줄어든다. 똑똑한 사람들이 더 많이 긴장하고, 평소 잘 알거나 익숙한 일에서 실수하는 것은 이 때문이다. 이런 사람들은 실수를 했을 때 이를 통해 배우는 것이 아니라, 더 큰 압박감을 갖게 되고, '더 열심히 해야겠다'는 각오를 다지게 된다. 동기부여 측면에서는 올바른 태도지만 이런 악순환이 반복되면 하루하루가 스트레스의 연속일 수밖에 없다.

학교에서도, 집에서도 '범생이 코스프레'

이런 태도는 일상생활에서도 매사에 최선을 다하고 성실해야 한다는 압박으로 서서히 확대된다. 더 큰 문제는 일부 '모범생'들의 생활 습관이 다른 아이들에게도 은연중에 퍼져 나간다는 것이다. 많은 아이들이 열심히, 최선을 다해 생활하려고 노력하지만 이를 통해 성취감을 얻기는커녕 '탈진증후군(burn out syndrome)'에 시달리는 아이들 또한 점점 늘어나고 있다. 태엽을 한 방향으로만 계속 감으면 금방 망가지듯이 한 방향으로만 달리다가 완전히 탈진하는 아이들이 점차 늘어나고 있는 것이다.

배리 슈워츠(Barry Schwartz)는 《선택의 패러독스》에서 이러한 성향을 가진 사람을 최상주의자(maximizer)라고 불렀다. 이들은 만족주의자와 달리 어떤 상황에서든 '최선의 결과'를 얻지 못하면 행복하지 않다. 이 용어는 원래 최선의 선택을 하기 위해 너무 심사숙고하느라 지친 사람을 가리키는 표현이었지만 모든 면에서 완벽해지기 위해 노력한다는 점에서 본다면 이 또한 최상주의자들의 태도라 할 수 있다.

내가, 혹은 우리 아이가 최상주의자인지 간단하게 확인할 수 있다. 슈워츠는 책에서 아래 설문을 소개했는데, 항목당 1점부터 7점까지

점수를 매길 수 있다. 1점은 '전혀 그렇지 않다'인데 점수가 커질수록 '그렇다'에 가까워진다. 4점이 '보통'이고, '매우 그렇다'는 7점이다. 65점 이상은 최상주의자, 40점 이하는 만족주의자라 할 수 있다.

- 나는 어떤 선택을 할 때 모든 가능성을 고려한다.
- 나는 내 직업에 만족하지만 더 좋은 기회를 알아보려 노력한다.
- 나는 라디오를 들을 때 종종 채널을 돌린다.
- 나는 텔레비전을 볼 때 종종 채널을 돌린다.
- 나는 나에게 완벽하게 맞는 사람을 고르기 위해 많은 사람을 만난다.
- 나는 선물을 고르는 것이 어렵다.
- 나는 가장 재미있는 비디오를 찾으려고 애쓴다.
- 나는 마음에 드는 옷을 고르기가 어렵다.
- 나는 어떤 대상에 순위를 매기는 것을 매우 좋아한다.
- 나는 짧은 글을 쓸 때도 적합한 단어를 고르기 위해 초안을 작성한다.
- 나는 어떤 일을 할 때 가장 높은 기준을 적용한다.
- 나는 차선책에 만족하지 않는다.

- 나는 종종 현재의 삶과 전혀 다른 삶을 꿈꾼다.

허덕이고 힘들어하면서도 완벽주의적 습관을 버리지 못하는 것은 지금 멈추면 영원히 뒤처질지도 모른다는 두려움 때문이다. 평소 자신이 익숙하게 여기는 방식에서 벗어나지 못하는 관성도 물론 한몫한다. 그런데 사실 이때 불안을 일으키는 것은 두려움이 아니라, 두려움에 대한 두려움이다. 결국 두려움을 잘 돌보면 인생을 방해하는 중요한 요소 하나를 줄일 수 있는 것이다.

만족을 모르는 사람들

완벽을 추구하는 데 있어 어느 정도의 강박은 긍정적으로 작용한다. 철저한 면이 없으면 일을 성공적으로 마무리하기 어렵기 때문이다. 그렇지만 완벽만 추구한다면 결코 행복할 수 없다. 미래를 위해 늘 현재를 희생해야 하기 때문이다. 정신분석가 카렌 호나이(Karen Horney)는 이를 '슈드비 콤플렉스(should be complex)'라고 불렀다. '이러이러해야 한다'는 원칙만 추구하는 삶을 비유적으로 표현한 것이다. 뭐라도 하지 않으면 허전해하고, 빈 시간을 견디지 못하고, 할 일이 많다면

서 마음만 허둥대는 사람들은 멈추는 것, 빈 공간이 있는 것을 그 자
체로 지체이자 퇴보라고 여긴다. 그래서 무엇을 달성하더라도 만족
하지 못한다. 작은 성취를 기뻐하지 못하고 늘 자신을 닦달하고 더
높은 봉우리를 바라보며 채찍질을 한다. 심지어 만족하는 것에도 불
필요한 죄책감을 느끼고 불안해한다.

억지로라도 놀아야 한다

늘 최선을 다해야 한다는 강박증, 열심히 하지 않으면 안 된다는 금
과옥조가 우리 아이들의 머리와 마음을 고갈시키고 있다. 그런데도
아이들은 더 열심히 해야 한다고 너도나도 에너지음료를 마신다. 활
활 타는 장작에 기름을 붓는 격이다. 실제로 최근 3년간 국내 에너
지음료 시장 규모는 2012년에 천억 원을 넘어섰다. 대부분의 에너지
음료 한 캔에는 60밀리그램 안팎의 카페인이 들어 있다. 잠깐은 반
짝할지 모르지만 기름을 부은 장작은 더 맹렬하게 타들어가 곧 재만
남게 된다. 이래서는 안 된다. 더 부서지고 망가지기 전에 맹목적으
로 최선을 다하는 삶의 방식에 변화를 주어야 한다.

힘들고 지칠 땐 쉬어야 한다. 쉬는 것, 즐거운 것, 좋아하는 것을

누리는 것에 죄책감을 느껴서는 안 된다. 가족여행을 하면서 참고서를 들고 가는 우를 범해서는 안 된다. 보고 싶은 텔레비전 프로그램을 보면서 밤늦게까지 낄낄거릴 줄도 알아야 한다. 주말에 학원에 가야 한다면, 반나절 정도는 하고 싶은 일을 하기 위해 시간을 내야 한다. 보고 싶은 영화를 보러 가는 것도 좋고, 친구들과 운동을 하는 것도 좋다. 평일 하룻저녁 정도를 공부에서 해방되는 날로 정하면 더할 나위 없이 좋다. 억지로라도 그래야 한다. 노는 방법을 잃어버린 아이들이 너무 많다.

나를 찾아오는 아이들에게 이런 처방을 내리면 "무슨 말씀이세요? 절대 안 돼요"라고 반응하기 일쑤다. 그렇게 시간낭비를 했다간 뒤처질까 봐 불안해지니 말이다. 그렇지만 이런 이유로 고통받고 있다면 자신의 내면이 이미 고갈되었음을 인정하고 일단 멈추는 것이 그 어떤 약보다 중요하다는 점을 알아야 한다. 그리고 한 방향으로 감던 태엽을 느슨하게 풀려고 적극적으로 노력해야 한다. 일부러라도 삶에 빈틈을 내줘야 한다. 그래야 부러지지 않고 완주할 수 있다. 공부할 때 양보다 중요한 것은 질이다. 효율성의 측면에서도 충분히 쉬어가면서 자기 페이스를 조절해 나가는 것이 오랫동안 앉아만 있는 것보다 더 중요하다.

물론 이런 상황이 모든 아이들의 문제는 아닐 것이다. 그러나 겉으로 보기에는 공부 잘하고 착실한 '범생이'들도 사실은 숨을 헐떡이며 하루하루 버티고 있다는 것을 부모들이 알았으면 한다. 어느 정도 성공을 거두고 잘살고 있는 것처럼 보이는 사람들조차 더 큰 성공을 위해 허덕일 정도로, 지금 우리 사회는 비정상적이다.

내 마음이, 내 아이가 힘들고 지쳐 있다면 더 이상 계속 노력하라고, 조금만 참으라고, 여기서 주저앉으면 안 된다고 채찍질하지 말자. 일단 멈추고 숨을 고르게 하자. 이것은 팔자 좋은 위로도, 한가한 게으름도 아니다. 자칫하다간 널찍한 도로 한복판에서 영원히 멈춰버리는 자동차 신세가 될 수 있다. 최선을 다하는 것이 언제나 진리만은 아닌 이유다. 많은 아이들의 마음의 연료통에 지금, 빨간 경고등이 깜빡이고 있다.

그렇게 자고도
또 잠이 오니?

+++

자는 동안 뇌는 무엇을 하는가

"넌 도대체 몇 시까지 자는 거니?"

"엄마, 10분만 더 자고."

"내일 시험이라고 밤 샌다며, 빨리 일어나."

"그냥 내일 새벽에 일어나서 할게."

"만날 말만 그렇게 해놓고 아침까지 처잔 게 벌써 몇 번이니? 4당
5락 몰라?"

"몰라."

"엄마 때부터, 아니 할아버지 때부터 있었던 말이야. 4시간 자면

대학에 붙고, 5시간 자면 떨어진다고."

"그런 말도 안 되는 소린 대체 누가 만든 거야?"

"허벅지를 송곳으로 찌르면서 공부해서 서울대 들어갔다는 말도 못 들어봤어? 그렇게 잘 거 다 자면서 언제 공부해서 대학 갈래?"

영민이네 집에서 매일 벌어지는 풍경이다. 뭐가 되려고 저렇게 잠이 많은지, 잠퉁이 같은 아이 때문에 엄마는 속이 상한다. 아이는 아이대로 억울하다. 야간자율학습까지 하고 들어오니 너무 졸려서 잠깐 눈을 붙인 다음 공부하려던 것뿐인데, 어쩌란 말인가. 찬물로 세수를 해도 그때뿐, 눈꺼풀이 원래 이렇게 무거운 것인지 예전에는 정말 몰랐다. 의지박약이 된 것 같아 화가 나고 짜증만 늘 뿐, 아무리 애써도 책이 눈에 들어오지 않는다.

4시간만 자면 정말 좋은 대학에 갈 수 있을까

우리나라 중, 고등학생들의 수면 시간은 세계 어느 나라와 비교해도 절대적으로 부족하다. 어느 나라에도 없는 0교시가 일상화되어 있고, 학원은 밤 10시에 끝나지만 숙제를 하다 보면 12시를 훌쩍 넘기기 일쑤다.

2011년 질병관리본부가 중, 고등학생 7만 5,643명을 대상으로 실시한 조사 결과, 주중 평균 수면시간이 일반계 고등학생은 5.5시간, 중학생은 7.1시간으로 미국 국립수면재단이 권고한 청소년 수면시간 8.5~9.25시간에 비해 많이 부족했다. 더 중요한 것은 이것이 평균값이라는 것이다. 주중 수면 시간이 5시간 미만인 일반계 고등학생의 비율은 27.2퍼센트였고, 8시간 이상 충분히 잔다는 학생은 2.3퍼센트에 그쳤다. 이러다 보니 하루에 5시간도 못 자는 중학생이 스트레스를 경험하는 비율은 61.8퍼센트로 8시간 이상 자는 중학생의 32.4퍼센트보다 훨씬 높았다.

단언컨대 4당 5락은 무한경쟁에 시달리는 아이들과 부모들에게 도저히 안 되면 잠이라도 줄여야 한다는 강박관념을 심어준 괴담에 불과하다. '내가 자는 동안 내 경쟁자는 한 줄을 더 읽는다'는 압박감을 심어주는 것. 그런데 정말 이렇게 잠을 줄여서 한 줄을 더 읽고, 한 문제를 더 풀면 도움이 될까?

자는 동안 뇌에서 일어나는 일들

잠을 푹 자는 것은 정말 인생의 낭비일까? 우리가 잠을 자는 동안 에너지가 충전되고, 지친 몸이 회복된다. 잠은 다음 날의 활동과 건강을 유지하기 위해 꼭 필요하다.

잠의 효용성을 알기 위해서는 먼저 수면의 구조를 알아야 한다. 잠은 뇌파의 변화에 따라 1~4단계로, 눈동자가 빨리 움직이는 렘(REM) 수면과 움직임이 없는 비렘(non-REM) 수면으로 나눌 수 있다. 느린 파형이 적게 나오는 1~2단계는 얕은 잠으로, 느린 뇌파가 많이 나오는 3~4단계는 깊은 잠으로 구분하는데, 얕은 잠과 깊은 잠은 두 시간 간격으로 반복되고 중간의 렘수면 단계에서는 꿈을 많이 꾼다. 전체적으로 보면 처음 자기 시작할 때는 비렘 수면인 2단계 수면과 서파 수면이 많고, 시간이 지날수록 렘수면의 비율이 올라간다.

수면의학자들은 하나같이 수면은 양보다 질이 중요하며, 수면에도 효율이 있다고 주장한다. 수면 효율이란 불을 끄고 누운 시간 중 수면 뇌파가 나오는 비율을 의미하는데, 정상인은 90~95퍼센트이지만 불면증 환자는 80퍼센트 이하를 보인다. 즉, 10시간을 잔다면 정상인은 9시간 정도를 푹 잔다고 할 수 있지만 불면증 환자는 푹 자는 시간이 8시간 이하라는 것이다.

나폴레옹은 4시간만 자도 충분하다고 했지만, 자신에게 필요한 수면 시간은 사람마다 다르다. 개인차가 크다. 어떤 사람은 적게 자도 충분하지만, 어떤 사람에게는 8시간도 부족할 수 있다. 적절한 수면 시간이란 자고 일어났을 때 피로가 풀린 것처럼 상쾌하고 평온한 기분이 드는 정도이고, 자는 동안 있었던 일이 전혀 기억나지 않는 상태를 의미한다.

하지만 잠이 피로 회복을 위해서만 꼭 필요한 것은 아니다. 잠은 공부, 즉 학습과 기억에도 중요한 기능을 한다.

잠을 잘 자야 암기도 잘한다

기억을 나누는 방식에는 여러 가지가 있는데 크게 역사나 사회적 사실을 잘 기억하는 서술적 기억과, 자전거를 타거나 길을 찾는 것처럼 말보다 몸으로 익히는 절차적 기억으로 나눌 수 있다. 여기서 절차적 기억이 렘수면과 관련이 있는 것으로 알려져 있다. 하루 종일 잠만 자는 신생아에게서 렘수면 상태가 차지하는 비중이 무려 50퍼센트나 된다는 점을 볼 때, 렘수면은 특히 두뇌 발달과 관련된다고 추정할 수 있다. 왜냐하면 렘수면 시기에는 인체의 모든 근력이 다 약해져 있지만 두뇌만큼은 깨어 있을 때와 마찬가지로 활발하게 활동하기 때문이다. 즉, 렘수면 단계일 때는 신체 기능에 쓰는 에너지를 최소화하고 그 에너지로 뇌가 활발히 움직인다고 추정할 수 있다.

스미스라는 학자가 1991년 대학생들을 대상으로 시험기간 전후에 수면 패턴을 측정하는 검사를 실시했다. 그 결과 시험기간에는 평소보다 렘수면의 비율이 증가했다. 렘수면이 늘어난다는 것은 뇌가 배운 것을 학습하고 있다는 뜻이다. 다른 학자는 쥐에게 낮에 미로 찾기 훈련을 시키면서 뇌파를 찍었는데, 쥐가 자는 동안 미로를 찾을 때처럼 뇌파가 활성화되는 것을 확인했다. 즉, 쥐는 자면서 미로를 찾는 학습을 했던 것이다.

대니얼 마골리아시(Daniel Margoliash)라는 학자는 금화조라는 새가 노래를 배우는 것과 잠의 상관관계를 연구해 2000년 〈사이언스〉에 발표했다. 그들의 연구에 따르면 어린 수컷 금화조는 어른 금화조로부터 구애의 노래를 배운다. 그런데 밤에 잠을 잘 때의 뇌파를 살펴보니 낮에 노래를 따라 부를 때와 똑같은 뇌파가 관찰되었다. 이에 대해 학자들은 자면서 몸이 쉬는 동안에는 뇌가 잡다한 곳에 에너지를 쓰지 않아도 되니 낮에는 기본 패턴만 배우고, 낮에 배운 것을 자는 동안 복습하면서 자기 것으로 만들어내는 것이라고 해석했다. 배운 것을 자기 것으로 만드는 데 그만큼 렘수면이 중요한 것이다. 그런데 잠을 적게 자면 렘수면의 양이 줄어들고, 전날 배운 것을 내 것으로 만들기가 어려워진다. 특히 단순 암기보다 악기 배우기, 체육활동, 문제해결과 같은 절차 기억이 중요한 과제에서 렘수면의 부족은 큰 문제가 될 수 있다.

단순 암기는 깊은 잠이라 할 수 있는 서파 수면이나 2단계 수면의 수면 방추와 밀접한 연관이 있다. 페이넥스(Peigneux) 등의 학자는 피실험자들에게 길 찾기 게임을 시킨 다음, 피험자들이 자는 동안 뇌에서 기억을 담당하는 해마의 뇌혈류량이 서파 수면 중에 증가하는 것을 관찰했고, 뇌혈류량의 증가가 다음 날 길 찾기 속도가 빨라지는 것과 정비례한다는 사실을 2004년 〈뉴런〉에 발표했다. 또 다른 연구에서는 2단계 수면에서 특징적으로 발견되는 수면 방추의 양과 단순기억을 실험한 점수가 비례한다는 사실이 밝혀졌다.

학자들은 이런 일련의 연구들을 통해, 잠을 잘 자야 대뇌 피질에서 초기 기억들이 강화되어 자기 것으로 저장된다는 사실을 알아냈다. 서파 수면과 수면 방추의 활동으로 독립적으로 저장되어 있던 대뇌 피질의 정보들이 자는 동안 서로 인연을 맺으면서 연결, 강화된다. 그리고 해마에서는 전날 들어온 정보들을 잘 정리하고 분류해서 대뇌 피질로 전달한 다음, 해마에 남아 있는 것들은 비운다. 그래야 다음 날 새로운 정보를 습득할 수 있는 여유가 생기는 것이다.

자는 동안 뇌도 할 일이 있다

잠을 자지 않으려면 각성 상태를 유지하는 뇌줄기와 시상을 계속 가동해야 한다. 그러기 위해서는 에너지가 많이 필요하다. 그러니 기억을 담당하는 해마에는 에너지가 몰리지 않아서 잠을 못 자면 다음 날 단순한 기억 능력도 저하된다.

더욱 중요한 것은 전날 배운 내용들을 하나로 엮어서 진짜 내 것으로 만드는 일을 할 수 없다는 것이다. 제각각 떠다니는 정보와 단편적 지식들이 자는 동안 대뇌 피질의 활성화를 통해 서로 의미 있는 내용들로 정제되고 강화되어, 적재적소에 활용할 수 있는 정보로 재가공되기 때문이다.

이런 중요한 일이 우리가 자는 동안 일어난다. 그런데, 무작정 깨어 있기만 한다면? 단순히 깨어 있기 위해 너무 많은 에너지를 소모하는 바람에 정작 이 시간에 자면서 해야 할 많은 중요한 일들을 제대로 하지 못한다. 즉, 졸려 죽겠는데도 억지로 깨어 있는 것은 실제로 뇌의 입장에서는 깨어 있되 깨어 있는 게 아닌 것이다.

뇌는 깨어 있는 동안에는 각성 상태를 유지하고, 주변에서 벌어지는 일들에 신경 쓰고, 반응하고, 판단하고, 몸을 움직이느라 정신이 없어서 새롭게 주입된 정보를 심화하고, 분류하고, 정리하고, 이전의 기억들과 연결해서 내 것으로 만들 여유가 없다.

우리의 뇌를 헌책방에 비유해보자. 헌책을 사서 잘 분류한 다음 적절한 위치에 꽂아두어야 책을 사러 온 사람이 빨리, 정확하게 필요한 책을 찾을 수 있다. 그런데 책을 사서 분류하지 않고 계속 쌓아놓기만 한다면 어떻게 될까? 주인은 자기가 어떤 책을 갖고 있는지도 모른 채 그냥 사들이기만 하고, 책을 사러 온 사람도 어디서 뭘 찾아야 할지 모르는 혼란스러운 상황이 되고 말 것이다. 그러니 서점 문을 닫고 그날 사들인 책을 적절히 분류, 정리해서 보기 좋게 진열할 시간을 가져야 한다.

이때도 그냥 분류만 하는 것이 아니라, 낮 동안에는 기존의 방식이나 고정관념으로만 보던 여러 가지 문제들을 느슨하게 생각할 수 있는 여유가 생긴다. 전날까지만 해도 답이 보이지 않던 문제가, 푹 자고 나서 다음 날 다시 생각해보면 의외로 쉽게 해결되는 순간을 경험하기도 한다.

그만큼 잠을 잘 자는 것은 중요한 일이고, 학습과 기억의 관점에서 볼 때도 절대 낭비하는 시간이 아니다. 자는 시간은 버리는 시간이 아니라, 뇌가 열심히 자기 할 일을 하는 시간인 것이다.

잘 자는 아이가 공부도 잘한다

물론 그렇다고 아이들이 매일같이 잠을 실컷 잘 수는 없다. 물론 성취감이 높은 사람은 잠이 조금 부족해도 그것을 학습에 대한 보상으로 여기기 때문에 크게 문제가 되지 않는다. 그러나 절대적인 수면 시간이 부족해지면 고도의 집중력과 그동안 배운 것을 하나로 엮어야 하는 고차원적 학습 능력이 요구되는 시기에 자기 실력을 제대로 발휘할 수 없게 된다는 점은, 모두에게 동일하다.

지금까지의 연구 결과에 의하면 잠의 마지노선은 4시간 정도로 알려져 있다. 뇌가 휴식을 하고, 뇌가 담당하는 여러 기능을 하기 위해 반드시 필요한 시간이다. 그리고 1시간씩 끊어서 자는 것보다 연속해서 자는 것이 좋다. 아무리 바쁘고 힘든 시기라 해도 최소 4시간은 연속 수면을 취하는 것이 좋다. 생리적으로는 밤 12시부터 7시 사이가 가장 좋은 수면 시간으로 권장되는데, 일반적으로 인간의 뇌는 깨어난 후 4시간이 지나면 최고의 집중력을 발휘하므로 시험 시간에 맞춘다면 늦어도 두 시간은 확보하는 지혜가 필요하다.

예를 들어 시험이 9시인데 새벽 4시까지 공부하고 8시에 일어나서 시험을 보러 간다면, 아직 머리가 맑지 않아 실력 발휘를 제대로 못할 수도 있다. 반면 낮에 15분 이내로 짧은 낮잠을 자는 것은 긴장을 풀고 피로를 회복하는 데 도움을 준다.

자, 이래도 4당 5락을 주장할 수 있을까? 잠은 반드시 잘 자야 한다. 잠은 신체발달뿐 아니라 학습과 기억에도 많은 역할을 하고 있다. 그러니 무조건 많이 잔다고 죄책감에 시달려서는 안 된다. 잘 자는 동안 뇌가 나를 위해 이렇게 중요한 일들을 많이 처리하고 있다는 사실을 믿고, 아무리 바빠도 최소한의 수면시간을 확보하려고 노력하고, 자리에 누웠다면 열심히 잘 자려고 노력해야 한다. '잠이 보약'이라는 옛말이 뇌의 관점에서 보면 허튼 소리가 아님을, 과학이 입증하고 있다. 잘 자야 공부도 잘한다. 절대적으로 수면시간이 부족한 우리 아이들에게 잠을 잘 권리, 즉 수면권을 보장하는 것은 정신건강뿐 아니라 학습능력 향상을 위해서도 중요한 일이다. 이제라도 아이들에게 빼앗긴 잠을 돌려주자.

그놈의 게임, 스마트폰! 제발 그만 좀 해!

+++

모든 중독에는 이유가 있다

"게임을 할 땐 눈빛이 달라져요. 평소에는 멍하고 아무 생각이 없는 썩은 동태눈깔 같거든요."

"그런데요?"

"PC방에서 게임하는 걸 본 적이 있는데, 눈이 쌩쌩하고 무서울 정도로 집중하는 거 있죠? 애를 프로게이머로 키워야 할까요?"

"하하, 그렇게 생각할 수도 있겠네요."

"왜 남자 아이들은 저렇게 PC방에 몰려가서 게임을 하는 걸까요? 집에 컴퓨터가 없는 것도 아닌데 용돈만 생기면 친구들하고 PC방에 가는 걸 이해할 수가 없어요."

형배 엄마는 형배가 게임에 빠져 있는 것이 영 불안한 눈치였다. 하지만 내가 만난 형배는 또래 아이들과 다를 바 없는 평범한 남자 아이였다. 주의력결핍장애(ADHD) 같은 집중력 저하 문제가 있어 보이지도 않았고, 그저 게임을 좋아할 뿐이었다. 평소에 썩은 동태눈을 하고 있는 것은 그저 공부가 재미없고, 수업 시간에도 무슨 말인지 이해가 되지 않아서라고 했다.

"게임이 재미있니? 어떤 게임을 하니?"

"당연히 롤이죠. 롤 몰라요, 선생님?"

아이는 리그 오브 레전드(League of Legend. 흔히 롤이라 불린다)를 좋아했다. 내가 생소하다는 표정을 짓자 신이 나서 설명하기 시작했다. 아이가 흥미를 보이는 것이 무엇인지 곧바로 알 수 있었다.

"집에도 컴퓨터가 있는데 왜 PC방에 가니?"

"집 컴퓨터는 구려요. 그리고 집에서 혼자 하면 재미가 없어요. 친구들하고 작전도 짜고 지시도 하면서 하면 얼마나 재미있는데요. 그래서 가는 거예요."

요즘 아이들이 컴퓨터를 너무 많이 한다며 게임 중독을 걱정하는 사람들이 많다. 하지만 남자 아이들이 PC방에 가서 친구들과 게임을 하는 것은 거의 대부분 중독과 거리가 멀다. 부모 세대가 학교가 끝나면 친구들과 빵집에 가서 수다를 떨고, 운동장에 남아서 운동을 하고, 좀 논다 하는 친구들이 몰래 당구장에 가던 것과 같은 놀이일 뿐이다.

요즘 학교는 옛날처럼 운동장이 넓지 않다. 게다가 아이들 대부분 이 학원을 다니니 이동하면서 잠깐 비는 시간에 떠들면서 즐길 수 있는 놀이는 PC방에 모여 게임을 하는 것밖에 없다. 이것이 우리 아이들의 현실이다. 학교 공부가 별로 재미없고 진도를 잘 따라가지 못하는 대부분 아이들에게 게임은 훨씬 이해하기 쉽고, 노력하는 만큼 보상이 주어지는 세상이기도 하다. 공부는 못하지만 농구를 잘해서 반대표가 되는 친구, 춤을 잘 춰서 장기자랑에 나가는 친구, 팝에 대해서는 모르는 것이 없는 친구가 반마다 한 명씩 있었듯이 말이다. 요즘 아이들에게 게임이나 스마트폰은 생활의 일부이자 친구들과의 놀이문화, 그리고 친구들 사이에서 자기 정체성을 만들어내는 방법의 하나로 작용하고 있다.

어른들은 언제나 아이들이 잘못될까 봐 걱정한다. 특히 자신이 어릴 때 경험해보지 못한 것을 아이들이 할 때 더욱 불안해하는 경향이 있다. 대표적인 것이 게임, 인터넷, 그리고 최근에는 스마트폰이다. 사회에서는 게임 중독을 심각한 문제로 여겨, 게임 중독에 빠진 학생들을 위해 많은 노력을 기울이고 있다.

그런데 게임 중독 내지는 인터넷 중독, 혹은 게임과 몰입이라 불리는 이 문제의 실체가 아직 명확하지 않다는 점이 논쟁을 불러일으키고 있다. 세칭 '인터넷 중독'이 세상에 알려지게 된 것은 1990년대 중반으로, 아직 20년이 채 되지 않았다. 우리나라도 이 시기부터 일부 학교와 연구소에만 보급되던 인터넷망이 가정에도 깔리기 시작해 인터넷 보급률이 95퍼센트가 넘는 세계 최고 수준의 IT 강국이 되었다. 물론 이 시기부터 게임이나 인터넷 채팅 등에 지나치게 빠져들면서 일상생활에 문제가 생기고 사회에 적응하지 못하는 사람들이 속출하는 부작용 또한 발생했다는 점을 부인하지 않을 수 없다.

그래서 우리나라는 본의 아니게 중국, 일본 등과 함께 인터넷 중독의 신흥 발생지로 전 세계적인 주목을 받고 있다. 관련 연구도 많이 발표되었고 국가 차원에서도 관심을 갖고 발 빠르게 대책을 마련한 덕분이다. 지난 10여 년간 다양한 부작용과 대책이 널리 알려진 덕분에, 이제는 인터넷 중독이란 말을 모르는 사람이 없을 정도로 한국에서는 '정신질환'의 일종이 되었다.

그렇다면, 인터넷 중독이 정말 그렇게 심각한 상태일까? 언론에서 발표하듯 아이들의 10~15퍼센트가 중독 수준이며, 착하고 성실하게 공부 잘하던 아이가 하루아침에 반에서 하위권으로 밀려나고, 부모에게 반항하고 비뚤어지면서 가출하게 된 것이 모두 게임 때문일까?

"게임밖에 할 게 없으니까요"

인터넷 중독이라는 개념이 처음 등장하던 시기부터 지금까지 이와 관련한 문제로 여러 사람들을 상담, 평가, 치료해온 경험에 비추어보면 인터넷 중독의 심각성에 대한 인식은 일부는 맞고 일부는 오해가 있다.

2012년 행정안전부에서 실시한 설문조사에 따르면, 현재 의학적 치료가 필요한 인터넷 중독자는 47만 명, 만성중독자는 5만 명이다. 우리나라 국민 중 인터넷을 적극적으로 사용하는 연령대를 3,000만 명 정도로 잡으면, 60명 중 1명이 심각한 인터넷 중독이라는 얘기다. 이는 과거의 10~15퍼센트, 많게는 30퍼센트까지 집계됐던 설문조사에 비하면 상당히 보수적으로 잡은 수치지만, 실제 중독자 수보다 높게 잡았을 가능성이 있다. 중독자들은 대부분 스스로 자신의 상태가 심각하다고 느끼기 전까지는 문제를 제대로 인식하지 못하며, 보호자나 가족들도 문제의 심각성을 제대로 파악하지 못하는 경우가 많기 때문이다. 전체 인구를 표본으로 삼아 진행하는 조사는 인터뷰 혹은 설문지 작성으로 진행하는데, 중독과 관련한 조사는 해석할 때 주의를 기울일 필요가 있다.

최근에 나는 게임과 인터넷 과다 사용 문제로 일상생활에 뚜렷한 문제가 생겨서 병원을 찾은 환자들을 대상으로, 전 세계에서 가장 많이 사용하는 영(Young)의 인터넷 중독 척도(IAT)를 실시한 바 있다.

그 결과, '심각한 인터넷 중독'으로 분류되는 70점을 넘은 환자가 많지 않았고, 평균점 또한 65점대였다. 즉, 인터넷 사용 초기에 지나치게 인터넷에 빠져들어 두려움이나 불안감을 느끼는 사람에게는 상대적으로 높은 점수가 나올 수 있지만, 오히려 진짜 문제가 있는 사람들은 "조금만 신경 쓰면 얼마든지 해결할 수 있어", "난 아무 문제없어. 이 정도는 누구나 해"라고 생각하기 쉽기 때문에 도리어 '정상 범주'로 평가될 위험이 있다.

그러므로 직접 설문으로 인터넷 중독 실태를 해석할 때는 신중할 필요가 있다. 여기서 분명히 말하지만, 게임 중독이 없다는 얘기를 하려는 것이 아니다. 다만 내 경험을 감안할 때, 정부나 언론에서 발표하는 수치보다는 적다고 추정할 필요가 있다. 게임 유저 전체를 놓고 보면 게임 중독으로 일상생활에 어려움을 겪고, 학교나 가정에서 문제행동을 일으키는 사람은 다른 중독 문제와 비교할 때 오히려 적다고 생각한다. 마약, 알코올, 담배와 같이 단 한 번의 복용만으로 중독될 가능성이 있는 요소들에 비하면, 훨씬 반복적으로 노출되어야 중독이 발생하기 때문이다. 이는 곧 중독에 빠지기 전에 충분히 자율적으로 통제, 조절할 수 있도록 도울 기회가 많다는 것을 의미한다. 게임에 중독되는 사람들이 존재하는 것은 분명한 사실이다. 그들의 존재를 부정하는 것이 아니라, 실제 게임을 즐기는 사람들의 수에 비하면 훨씬 적은 사람들에게만 해당하는 문제일 가능성이 더 크다는 점을 말하려는 것이다.

사실 일상생활과 학업 모두 별 무리 없이 소화해내는 대부분의 십대들은, 솔직히 말하면 게임을 하고 싶어도 중독이 될 만큼 할 수 있는 시간이 없는 경우가 더 많다. 학교를 마치고 학원에 가기 전에 친구들과 PC방에 가서 한 게임 정도 하거나, 자기 전에 잠깐 하는 것이 고작이다. 시험이 끝나는 날이면 그동안 공부한 데 대한 보상으로 하루 정도 온종일 게임을 하는 것이, 현재의 비정상적인 교육 제도 하에서 평범한 삶을 살고 있는 십대들의 모습이다.

물론 이중에도 문제가 되는 아이들은 있다. 하지만 막상 그들에게 "게임이 그렇게 재미있니?"라고 물어보면 "할 게 없어서요"라는 대답이 "재미있어 죽겠어요. 더 하고 싶어요!"라는 대답보다 훨씬 많다. 학교생활이 재미없고, 공부는 뒤떨어져서 뭐가 뭔지 모르겠고, 학원에 가봤자 앉아 있는 시간이 아깝기만 한 아이들에게는 차라리 집에서 혼자 게임이나 하는 편이 나은 것이다. 그런데 부모들이 보기에는 그놈의 게임이 중독성이 무진장 강해서 멀쩡한 아이를 다 망쳐놓는다고 생각하게 된다. 물론, 게임은 즐겁다. 공부보다 훨씬 할 만한 것도 사실이다.

게임의 세계에는 실패가 없다

그러니 부모들은 게임의 중독성을 개탄하기에 앞서 왜 아이들이 게임을 좋아하는지, 게임이 현실 생활보다 어떤 좋은 것을 제공하는지 이해할 필요가 있다. 먼저 게임은 공평하다. 영어나 수학은 수개월을 죽어라 공부해도 뚜렷하게 성적이 오르는 것을 확인하기가 어렵다. 그에 비해 게임은 매일 몇 시간씩 꾸준하게 투자하면 분명히 레벨이 오르고, 실력이 늘고, 아이템과 경험치가 오르는 것을 볼 수 있다. 그리고 패배를 즐길 수 있다. 어린아이들은 술래잡기를 하다가 잡혀도 깔깔거리고 웃는다. 게임은 열심히 하다가 내 캐릭터가 지거나,

내가 모는 자동차가 박살이 나도 재미있다고 여긴다. 게임하는 과정 자체가 충분히 즐겁기 때문이다. 또한 언제든지 '계속 하겠습니까? 네!(Continue? Yes!)'를 통해 다시 시작할 수 있다. 실패해도 언제든 다시 시작할 수 있다는 점은 강박감과 불안감을 느끼지 않게 해준다.

지금 우리 십대들의 삶은 어떤가? 실패를 용납하지 못하는 빡빡한 교육현장에 짓눌린 아이들에게 사이버 공간의 게임은 실패를 용납하고 즐길 수 있게 해주는 매혹적인 도구가 아닐 수 없다. 아이들은 게임을 통해 '높아지는 자존감'을 경험한다. 현실에서는 교실 뒤에 조용히 앉아 있는 존재감 없는 학생이지만, 사이버 공간에서는 다른 유저들의 존경과 부러움을 받을 수 있다. 그런 일이 자주 발생할수록 현실에서의 '나'는 더욱 보잘것없는 존재로 느껴지고, 사이버 공간에 더 오랫동안 머물고 싶어질 것이다.

이런 면은 십대보다 최근 20대에서 더욱 강렬한 소구점이 되는 것 같다. 최근 심각한 인터넷 중독 문제로 몇 개월 이상 정상적인 생활을 하지 못해 병원을 찾아오는 환자들의 상당수는 20대들이고, 초등학생이나 중학생은 그 수가 부쩍 줄어들었다. 물론 다른 치료 기관이 많이 생겨서겠지만, 추정을 해본다면 부모들의 성장과 변화도 한몫하지 않았나 싶다. 지금 초등학생들의 부모는 내락 30대다. 그들은 1990년대 중반에 십대 시절을 보냈고, 십대 때 인터넷을 처음 시작한 세대라 할 수 있다. 어릴 때부터 인터넷을 일상적으로 접하면서 자라난 이들이 부모가 되었으니 아이들의 인터넷, 게임 시간을 조절하는 데 있어 이전 세대보다 덜 혼란스러워하고 불안해하는 것 같다.

이렇듯 게임과 인터넷 중독 문제의 상당수는 우리 사회가 새로운 미디어나 도구에 적응해가는 과정의 일환으로 해석할 여지가 있다. 그동안의 경험을 기반으로 보면, 최근 몇 년 사이 스마트폰 중독이 사회 문제로 대두되는 것 또한 부모 세대가 스마트폰 없이 자라났기 때문은 아닐까? 스마트폰 자체가 지나친 중독성을 갖고 있기 때문이 아니라 아이들에게 언제 스마트폰을 주고, 하루에 얼마나 사용하게 할지 몰라서 생겨난 문제라고 할 수 있지 않을까?

가정에서 인터넷과 스마트폰 관리하기

이런 점을 고려할 때 아이들의 인터넷과 스마트폰 사용에 대한 나의 개인적 입장은 이렇다. 먼저, '컴퓨터는 가전제품이다'라는 개념을 가족이 공유한다. 최근 많은 가정이 컴퓨터를 공부방이나 아이들 방에서 마루로 옮기고 있다. 텔레비전과 마찬가지로 컴퓨터도 가족들이 함께 공유하는 가전제품으로 보는 것이다. 마루에 컴퓨터를 두고 함께 이용하면 자연스럽게 오랜 시간 게임을 하거나 유해 사이트에 접속하는 일은 줄어든다. 혼자 있는 시간이 많다고 해도 그 컴퓨터를 모두 함께 사용하는 것이라 여기면 조심할 것이기 때문이다.

학업을 위한 자료 조사, 과제 등을 위해서라도 컴퓨터는 사용할 수밖에 없다. 인터넷을 완전히 끊을 수 없는 이상 궁극적 목표는 '적당한 사용'이 되어야 한다. 그렇기에 컴퓨터를 공용화하는 것이 십대를 키우는 가정에서 한 번 생각해봐야 할 규칙이다.

컴퓨터를 마루에 두면 아이들은 자기 방에서 스마트폰을 보면서 하루를 보내기 쉽다. 먼저, 스마트폰은 가능한 한 중학생 이상이 되었을 때 구입하는 것이 좋다고 생각한다. 초등학생들은 대부분 자기 절제 능력이 충분히 발달하지 않았다. 초등학생에게 스마트폰을 쥐어주고 "게임하지 말고 전화할 때만 써" 하는 것은 식탁 위에 불고기와 갈비를 한가득 올려놓고, "고기만 먹지 말고 야채와 김치도 먹어" 하고 그러기를 기대하는 것과 같다. 사실 꼭 필요한 게 아니라면 최대한 미루는 것이 더 낫다. 만일 스마트폰을 갖고 있다면 집안의 모든 통신기기의 거치대와 충전기를 한 곳으로 정해놓고 가족 모두가 필요할 때만 사용하되, 자기 방으로는 갖고 들어가지 않게 한다. 그래야 밤에 자지 않고 게임이나 SNS를 하는 문제로 실랑이를 벌이지 않

엄마의 빈틈이 아이를 키운다

는다. 물론 이를 위해서는 부모 역시 불편을 감수해야 한다. 부모는 스마트폰을 쓰면서 아이들에게만 쓰지 말라고 하면 아이들 입장에서는 불공평하다고 느껴 부모가 만든 규칙을 따르지 않는다. 그러니 아이를 건강한 방향으로 통제하기 위해서는 부모가 충분히 그 이유를 설명하고, 불편도 함께 경험할 필요가 있다.

부모와 자식 사이는 평등하지 않다. 부모는 부모이기 때문에 규칙을 만들고 아이에게 제시할 권리가 있다. 그러나 아이만 지키는 규칙보다는 부모와 아이가 모두 지키는 '가족의 규칙'이 될 때 무엇이든 더 큰 효과를 가져올 수 있다. 특히 게임과 SNS를 인생의 낙으로 여기는 아이의 욕구를 적당한 수준에서 통제하기 위해서는 부모가 불편을 감수하려는 노력이 더더욱 필요하다.

게임 중독이나 스마트폰 문제를 그 자체로 위험하다고 보는 시각도 필요하지만, 보다 거시적인 관점으로 바라볼 필요도 있다. 우리 사회가 새로운 미디어에 적응해가는 노력, 아이들의 통제 능력을 평가하는 문제, 아이가 일상에서 느끼는 고통과 부적응의 신호일 가능성도 생각해보는 것이다. 무엇보다 아이 혼자 바꾸게 하기보다 가족 모두가 함께 '규칙을 만들고 지킴'으로써 해결하려는 태도가 중요하다.

대학 가면 실컷 놀아, 지금은 안 돼!

+++

십대들이 억지로라도 놀아야 하는 이유

"중간고사도 끝났는데, 이제 뭐할 거니?"

엄마가 아침식사를 하면서 혜승이에게 물어보았다. 며칠 동안 공부하느라 고생했던 것이 안쓰러워 혜승이가 원하는 것이 있으면 해주고 싶었다.

"몰라."

"영화 보러 갈래? 아니면 친구랑 옷 사러 갈래? 용돈 줄게."

"글쎄."

"친구들하고 계획 없니?"

"몰라, 애들이 연락이 없네."

"오늘도 학원 가?"

"아니, 안 가."

"그런데 계획이 없어? 엄마는 학교 다닐 때 시험만 끝나면 뭐하고 놀까 하는 궁리만 하면서 공부했는데."

"몰라. 그냥 집에 있을래. 숙제나 미리 해놓던지."

혜승이는 아무 생각이 없다는 듯 무심하게 방으로 들어가 스마트폰만 만지작거렸다. 시험이 끝났는데 놀러 나갈 생각도 없고, 좋아하는 것도 없는 혜승이를 엄마는 이해하기 어려웠다. 친구가 없는 것도 아니고, 우울증이 있는 것 같지도 않다. 공부도 열심히 하고 학원도 잘 다니고, 친구 관계도 좋은 지극히 평범한 아이다. 그런데 아이가 클수록 새로운 문제가 발견되었다. 바로 놀 줄 모른다는 것.

호모 루덴스, 잘 노는 아이를 꿈꾼다

"공부할 시간도 모자라는데 노는 것은 사치예요."

반에서 중간 이상 하는 아이들이나 부모들이 이구동성으로 하는 말이다.

"빈둥거리는 꼴을 보는 것도 지쳤어요"

"누군 뭐 빈둥대고 싶어서 그러는 줄 알아요? 할 게 없어서 그러는 건데…… 뭘 해야 할지 모르겠어요."

다른 한쪽에서는 이렇게 말한다.

우리 사회에서 아이들의 놀이는 양극화되어 있다. 한쪽은 놀고 싶어도 놀 시간이 없어서 못 논다. 그러다 보니 어쩌다 시간이 생겨도 노는 능력을 잃어버려 놀지 못한다. 다른 한쪽은 놀 시간이 아주 많다. 아무리 놀아도 시간이 가지 않아서 걱정이다. 그래서 잘 놀지 못한다. 놀아도 마음이 편하지 않기 때문이다. 공부로는 따라갈 엄두가 안 나서 아예 포기했지만, 그렇다고 그 시간을 놀면서 보내자니 같이 놀 친구도 없고, 마땅히 즐길 거리도 없다. 그래서 종일 스마트폰만 들여다보거나 컴퓨터 게임을 하면서 보낸다.

잘 노는 것도 성장기의 중요한 발달과제 중 하나인데, 제대로 놀아봤거나 놀 줄 아는 아이를 만나기가 갈수록 어려워지고 있다. 갈 길이 멀고 마음이 바쁠수록 놀 줄 알아야 일도 잘하는 법인데. 호모 루덴스라는 말도 있지 않은가.

부모들도 마찬가지다. 아이들과 함께했던 시간 중 '놀면서 보낸' 것은 초등학교 저학년 때가 마지막이라고 답하는 경우가 많다. 중학교에 들어가고 나면 아이들과 시간을 보낼 여유가 없거나, 아이가 싫어하거나, 같이 놀자고 하면 안 될 것 같아 주저하게 된다고 한다. 그래서는 안 된다. 부모가 먼저 나서서 엄마 아빠와 함께 놀자고 해야 한다.

부모들은 흔히 "아이들과 놀아줬다"고 말한다. 특히 아이가 어릴수록 이런 표현을 자주 쓴다. 그런데 사실 부모들이 인생에서 가장 즐겁고 행복한 시기는 친구들과 커피를 마시거나 수다를 떨 때가 아니라 아이들과 함께 시간을 보낼 때가 아닐까. 아이들과 '놀아준' 것이 아니라 부모와 아이가 '함께' 놀았던 것이다. 아이들이 어느 정도 크고 나면 놀 시간을 내는 것도 힘들지만, 그나마 여유가 생길 때도 부모와 시간을 보내려 하진 않는다. 영화를 보거나 쇼핑을 할 때도 친구와 함께하는 것을 선호한다. 그러니 아이들이 어릴 때부터 가족이 함께하는 자리를 많이 만들어둬야 나중에 외로워지지 않는다. 지금도, 앞으로도 가족은 함께 놀아야 한다.

잘 노는 아이는 창의적이다

그렇다면, 잘 노는 것이 왜 이렇게 중요할까? 가장 중요한 이유는,

잘 노는 사람이 창의적이기 때문이다.

아이가 단순히 머리가 좋은 사람이 되길 원하는가, 창의적인 사람이 되길 원하는가? 많은 부모들이 '창의적인 사람'이 되기를 원한다고 대답한다. 그렇다면 창의성(creativity)이란 무엇인가? 창의성이란 그저 주어진 일을 효율적으로 잘하는 것을 넘어, 기존에 없던 새로운 것을 만들어내고 다른 시각으로 해석하는 능력을 말한다. 창의성이란 단어는 19세기까지만 해도 거의 쓰지 않았다. 1940년대까지만 해도 영어에서 '창의성'은 백만 번에 한 번꼴로 등장하던 단어였다. 같은 시기에 '성실성(sincerity)'은 '창의성'보다 800배나 더 많이 쓰였다. 그러다가 21세기가 되면서 '창의성'이란 표현이 60년 전에 비해 천 배 이상 쓰이게 되었고, 지금은 성실성보다 3배 이상 더 쓰이고 있다.

즉, 21세기는 창의성의 시대다. 문제해결력을 예로 들어보자. 지금까지는 '답이 정해져 있는 문제'를 해결하는 것이 중요했다. '벽돌의 부피를 구하시오' 하면 벽돌의 가로와 세로의 길이를 알아낸 다음, 공식에 대입해 문제를 풀 수 있었다. 그런데 요즘은 '벽돌로 집을 짓는 것 외에 다른 용도를 설명하시오'라고 묻는다. 이는 쉽게 답하기 어렵다. 전자를 잘 푸는 능력이 일반적인 학습능력이라면, 후자를 잘 풀기 위해서는 자신만의 생각이 있어야 한다. 창의적인 인재를 선호하는 많은 기업에서 면접을 볼 때 엉뚱한 문제를 내는 것도, 기존에

없었던 새로운 답을 찾아내기 위해서다.

그러므로 내 아이가 창의적이길 원한다면 학원에 보내 창의력 교육을 받게 할 것이 아니라, 우선 잘 놀게 해야 한다. 잘 놀기 위해서는 단순히 점수를 따고 등급을 높이는 것뿐 아니라, 자기가 하고 싶은 놀이가 무엇이고, 시간을 어떻게 배분하고, 놀이의 규칙을 어떻게 정할 것인지도 고민해야 하기 때문이다. 공부를 '주어진 문제를 해결하는 과정에서 지식을 효율적으로 습득, 조직화하는 방법을 연습하는 과정'이라 정의한다면, 아이들은 각자 자신만의 공부 방식과 목표를 가지고 있는 셈이다. 그러니 공부를 먼저 하고 남는 시간에 놀거나 휴식을 취한다는 것은 잘못된 생각이다. 자기 나름대로 어떤 목표를 세우고 그 목표를 달성하기 위해 스스로 방법을 찾고, 시간을 배분하고, 자기만의 방식으로 고민한다면, 그것이 꼭 국영수와 관련된 내용이 아니어도 이 모든 과정이 공부라 할 수 있다. 결국, 잘 놀기 위해서는 기획력도 필요하고, 절대적인 시간도 확보되어야 한다. 그런데도 아이가 노는 꼴을 못 본다는 부모, 놀면 안 된다는 강박에 시달리는 아이들은 놀이를 무조건 나쁜 것으로 치부하며 아이를, 자신을 공부하는 기계로만 대하고 있다. 이것이 지금의 현실이다.

행복한 몰입은 삶을 축제로 만든다

많은 아이들이 게임을 할 땐 시간이 어떻게 가는지 모르겠다고 한다. 그만큼 깊게 몰입(flow)하는 것이다. 시간이 어떻게 가는지도 모른 채 뭔가에 완전히 몰입해본 사람과 그렇지 못한 사람은, 그것이 비록 게임이라 해도 엄청난 차이가 있다.

뭔가에 몰입할 때 두뇌와 신체는 신경화학적으로 극도의 활성화 상태가 된다. 집중력, 창의력, 의욕이 한껏 고조되어 끊임없이 자기 능력의 최고치에 도전한다. 이 상태를 바로 몰입이라 한다. 안타까운 것은 오늘날의 학교와 사회 분위기가 뭔가에 쉽게 몰입하기 어려운 쪽으로 흘러간다는 것이다. 몰입이라는 개념을 만든 심리학자 미하이 칙센트미하이(Mihaly Csikszentmihalyi)도 이 부분이 인류가 하루빨리 풀어야 할 숙제라고 말하며, 일상에서도 게임처럼 몰입할 수 있는 일이 많아지면 우울증, 무력감, 소외감 등 시급한 사회 문제들을 해결하는 데 도움이 된다고 제안했다.

고기를 먹어본 사람이 맛을 알고 나중에 더 좋은 고기를 선택할 수 있듯이, 행복한 몰입을 경험해본 사람은 나중에 다른 분야에 가서도 같은 경험을 하기 위해 노력한다. 그것이 얼마나 기쁘고, 생산성을 높이며, 만족감을 주는지 알기 때문이다. 결국, 인터넷 게임을

해도 게임의 본질을 이해하면서 하면 시간을 죽이는 쓸데없는 짓이
아니라, 창의성을 발달시키는 공부가 되는 것이다.

잘 놀아본 아이가 공부할 때도 쉽게 몰입할 수 있고, 커서 다른 일
을 할 때도 '먹고살기 위해 어쩔 수 없이 하는 일'이 아닌 '해볼 만한
일', '즐길 만한 일'로 받아들인다는 것을 꼭 기억하자.

행복한 아이가 돈도 더 많이 번다

지금까지 설명한 것과 같은 이유로, 나는 십대가 된 아이들에게도
어느 정도 놀 시간을 확보해주어야 하며, 이것이 부모의 의무가 되
어야 한다고 생각한다. 공부로 지친 머리와 마음을 쉬게 해주어야
하기 때문이다. 한쪽으로만 감는 태엽은 쉽게 망가지며, 한번 망가진
태엽은 아무리 열심히 감아줘도 이전만큼의 성능을 발휘하지 못한
다. 아이의 뇌도 마찬가지다. 학년이 올라갈수록 공부 쪽으로 감기는
아이의 뇌를, 가끔은 부모가 강제로라도 반대 방향으로 감아서 불안,
강박, 긴장을 풀어줄 필요가 있다. 동경대학교 교수이자 《고민하는
힘》의 저자인 강상중 교수는 '진정한 여유란 물질적 풍요를 의미하
는 것이 아니라, 한 발 뒤로 물러서서 자신을 객관적으로 볼 수 있는

정신의 폭이 넓다는 것'이라고 했다. 정신의 폭을 넓게 유지하는 아이는 유연하게 사고하고, 힘든 상황을 잘 버티며, 모호한 문제를 끝까지 고민해서 푸는 에너지가 가득하다.

공부와 놀이의 균형을 잘 유지하는 아이들은 인생이 행복하다고 느낀다. 십대 시절에 행복을 느낄 줄 아는 아이는 성인이 된 후에도 행복감과 성취도를 더 잘 느낄 수 있다. 런던 정경대학교의 얀 엠마누엘 드 네브(Jan-Emmanuel De Neve) 교수와 워릭대학교의 앤드류 오스왈드(Andrew Oswald) 교수는 청소년 1만 5,000명을 장기간 조사한 결과를 발표했다. 그들은 지능이나 교육수준, 신체 건강과 상관없이 10대 후반부터 20대 초반에 느끼는 긍정적 정서와 자기 만족감이 향후의 개인적 행복은 물론 경제력까지 좌우하는 가장 중요한 요소임을 밝혀냈다. 아이들에게 현재 느끼는 행복감을 0부터 5까지 표시하게 하자, 22살 때 느낀 행복감이 1점 높은 아이들이 29살에 받는 연봉이 2,000달러 더 많았던 것이다. 이 결과는 어릴 때부터 자신이 행복하다고 여기는 사람일수록 세상과 미래를 낙관적으로 바라보며, 힘든 사회생활도 진취적인 태도로 잘 이겨낸다는 것을 보여준다.

공부만 하기에도 시간이 부족하다고 여기는 아이들에게 당장 필요한 것은 더 효율적인 학습법, 더 좋은 학원이 아니라 가끔은 머리를 식히며 놀 수 있는 여유, 일상에서 느낄 수 있는 작은 행복, 그리고 이런 환경을 제공해주는 부모의 마음이다.

아이는 아이답게, 젊은이는 젊은이답게, 노인은 노인답게라는 간단한 원칙조차 지키기 힘든 것이 요즘 세상인지 모른다. 특히 아이들이 십대에 접어들면 더 이상 어린이가 아니라고 생각해, 이제 그만 놀게 해야 할 것 같은 불안감이 생기게 마련이다. 하지만 부모가 그런 불안을 자제하면서 아이에게 적당히 놀 수 있는 숨통을 터주는 것이 장기적으로 보면 반드시 필요한 일이다. 문화인류학자인 마거릿 미드(Margaret Mead)는 모든 놀이와 학습을 어린 시절에, 모든 일을 중년에, 모든 후회를 노년에 몰아넣는 것이야말로 완전한 엉터리라고 했다. 노는 데에도 때가 있다. 어릴 때 놀아봐야 어른이 되어 힘들고 지친 삶을 살면서도 여유와 휴식을 취할 수 있다. 요즘 젊은 세대들은 자신을 '잉여'라고 자조하지만, 잉여에도 장점이 있다. 잉여의 여백과 빈틈이 있어야 힘들고 지쳐도 망가지거나 부러지지 않고 숨 쉴 수 있으며 기존에 없던 것, 아무도 할 수 없었던 것을 생각하고 만들어낼 수 있다.

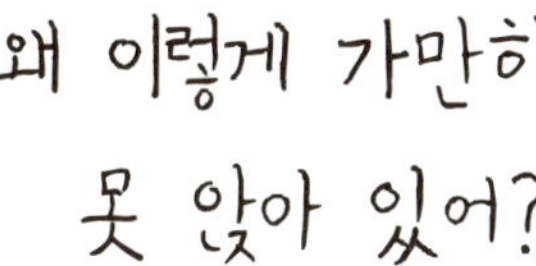

왜 이렇게 가만히 못 앉아 있어?

머리를 유영시켜야 창의성이 생긴다

"넌 그렇게 시끄러운 음악을 들으면서 공부가 되니?"

이어폰을 긴 채 손가락으로 까딱까딱 박자까지 맞추며 수학 문제를 푸는 종훈이를 보고, 엄마가 말했다.

"당연히 되지. 오히려 더 잘 돼."

"그게 말이 되니? 정신이 얼마나 산만해지는데."

"안 산만해. 엄마는 몰라."

"안 돼. 음악 꺼."

"싫어. 음악 안 들으면 밖에서 들리는 텔레비전 소리랑 말소리 땜에 더 거슬린단 말이야."

엄마는 어떻게 해야 할지 난감하다. 음악을 들으면서 어떻게 공부에 집중할 수 있단 말인가? 하지만 음악을 못 듣게 하면 밖에서 작은 소리만 들려도 "왜? 뭔데? 무슨 일인데?" 하며 쪼르르 나오니, 차라리 음악을 듣게 하는 편이 나을 것 같기도 하다.

공부를 하더라도 한 과목만 진득하게 하면 좋을 텐데, 수학 조금 하다가 영어 책 꺼내놓고, 영어 좀 들여다보다가 과학책을 뒤적이는 등, 도대체 무슨 과목을 공부하는 건지 알 수가 없다. 등교한 지 몇 분 되지도 않았는데 교과서를 안 챙겼다는 둥, 숙제한 걸 두고 왔다는 둥 해서 학교까지 갖다준 것도 한두 번이 아니다. 평소에도 툭하면 멍해지거나 딴 생각에 잠기는 등 진지한 면이라고는 도무지 찾아볼 수가 없다. 왜 이렇게 산만할까?

산만한 아이가 아닌 '즉각반응형' 아이

공부와 관련해서 가장 큰 고민이 무엇이냐고 물어보면 엄마 아이 할 것 없이 '집중력'이라고 답하는 경우가 많다. 공부할 때 집중이 안 된다고 하소연하는 아이들도 많고, 주의력 결핍 과잉행동장애(이하

    엄마의 빈틈이 아이를 키운다

ADHA)라는 진단을 받는 아이들이 급격히 증가하다 보니 '혹시 우리 아이도?' 하는 마음에 아이를 데려오는 엄마들 또한 점점 많아지고 있다.

사실 생각해보면, 원래 아이들은 산만하다. 전두엽이 덜 발달했으니 당연히 충동적일 수밖에 없다. 그런데 지난 몇 십 년 사이에 아이들이 익혀야 할 지식의 양은 기하급수적으로 늘어났고, 앉아서 집중해야 할 시간 또한 엄청나게 길어졌다. 아이들의 뇌 발달 속도는 이런 환경 변화를 쫓아가기에는 너무 더디다. 그러다 보니 상대적으로 산만하다는 평가를 받거나, 집중이 안 돼서 학업이나 생활에 지장을 받는 사람들이 늘어나는 것이다. 특히 요즘처럼 인터넷과 스마트폰, SNS 등 온갖 멀티미디어가 넘쳐나는 환경에서는 어른들도 한 가지 일에 집중하기가 쉽지 않다. 그러니 아직 뇌가 덜 발달한 아이들에게 집중과 몰입을 기대하는 것 또한 여러모로 어려운 일이다. 결과적으로 산만한 아이들은 점점 늘어났고, 아이들의 부산함과 진중하지 못함, 멍한 모습에 애태우는 부모 또한 많아지다 보니 병원을 찾는 경우도 덩달아 증가하고 있다. 2013년 10월에 한 국회의원이 보고한 바에 따르면 전년도의 ADHD 약물 사용량이 중, 고등학생 연령대에서 약 22퍼센트 늘었다.

물론 정신과적으로 문제가 되는 경우도 있지만 전반적으로 볼 때

'산만함, 혹은 멍 때리는 기질'을 꼭 약으로 교정해야 하는 것인가에 대해서는 한번 생각해볼 필요가 있다. 충동성과 산만함, 다양한 분야에 즉흥적으로 관심을 갖는 것이 현대 사회에서는 부적격이지만, 인류의 생존이라는 진화심리학적 관점에서 보면 이런 기질도 유전자가 살아남고 적응하는 데 필요한 지점이다. 한 곳에만 관심을 쏟지 않고 이리저리 살피고 주의를 빠르게 전환하는 특징은 모두 수렵 활동과 연관되어 있다. 인류는 오스트랄로피테쿠스 시절부터 공동체 생활을 시작하면서 자연스럽게 남성은 수렵을, 여성은 육아와 농사와 간단한 목축으로 역할을 분담했다. 사냥을 하는 남성들에게 공동체에서 인정받거나 살아남을 확률이 높은 덕목은 위에서 언급한 것들, 즉 끊임없이 움직이며 사냥감을 찾고, 위협으로부터 빠르게 몸을 숨기는 것이다.

충동성도 이런 맥락에서 보면 나쁜 것이 아니다. 충동적이라는 것은 반응하지 않아야 할 때 반응하는 것인데, 어떻게 반응할까 일일이 고민하고 움직이는 것보다 일단 즉각적으로 반응을 보이는 것이 생존에 훨씬 유리하기 때문이다. 이런 기질들은 아무래도 수렵을 전담한 남성들에게 많이 남아 있을 것이다. 그래서인지 ADHD 또한 남성들에게 훨씬 많은 편이고, 아이의 산만함과 집중력 부족으로 고민하는 부모들도 대체로 아들을 둔 부모들이다.

　그러니 이를 무조건 고쳐야 할 문제로만 보지 않으려는 신중한 자세가 필요하다. 사회는 수시로 변한다. 오늘날의 사회 환경은 '안전과 위험', '자원의 부족', '시간의 선택 여부' 등 크게 세 가지 영역으로 나누어 살필 수 있다. 사회가 위험하고, 자원이 부족하고, 시간을 선택할 수 없을수록 오랫동안 심사숙고하고 주어진 정보를 잘 분석하고 적절히 자원을 배분하는 '문제해결형(problem solving type)' 인간보다는 '즉각반응형(response ready type)' 인간이 생존에 유리할 것이다. 그러나 현대 사회는 전반적으로 안전하고, 자원도 풍부하고, 시간 여유도 있는 편이다. 그러니 즉각반응형 인간은 부족한 사람으로 평가된다. 하지만 앞으로 다가올 세상은 어떻게 바뀔지 아무도 모른다. 지금 속 썩이는 아이가 나중에는 효자가 된다는 옛 어른들 말씀도 있듯이 말이다.

산책로는 철학자에게만 필요한 것이 아니다

아이들이 오랫동안 집중하지 못하는 것과 더불어 소위 '멍 때리는' 시간이 많은 것도 부모들의 불만이다. 공부할 시간도 모자란데, 하루 종일 무슨 생각을 하는지 창밖만 바라보며 엉뚱한 상상이나 한다는 것이다. 그렇지만 학자들은 몽상(daydreaming)이 시간 낭비가 아니라고 한다. 2009년 미국 피츠버그대학교의 세이에트(Sayette) 박사는 〈심리과학(Psychological Science)〉에 한 실험 결과를 발표했다. 피험자 54명에게 한쪽은 약간의 술을 마시게 하고, 한쪽은 알코올이 없는 음료를 준 다음 《전쟁과 평화》의 한 부분을 읽혔더니, 술을 마신 집단이 훨씬 창의적이고 창조적인 생각을 하는 것을 발견할 수 있었다. 논리에 갇혀 있는 사람은 창의적인 생각을 하기 어려운데, 알코올이 이러한 사고의 틀을 벗어나게 해준 것이다. 이를 아이들의 심리에 적용해보면, 평소 논리적이지 않고 쉽게 산만해지는 아이가 몽상을 통해 남들이 쉽게 생각하지 못하는 의외의 문제해결력을 가질 가능성이 크다고 볼 수 있다. 몽상하는 동안 평소에는 미처 고려하지 않았던 가능성들을 자유롭게 상상하고, 이것이 창의적인 문제해결로 이어지는 것이다. 신경영상연구 또한 우리가 몽상에 잠길 때 뇌의 여러 영역이 활성화된다는 사실을 증명했다. 아무 생각도 하지 않는 것처럼 보이는 '기본적인 상태(default network)'일 때 뇌가 이렇게 복잡한 활동을 한다는 것은, 몽상이 우리의 진화에 중요한 역할을 했을 가능성이 있다는 점을 의미한다. 이때 활성화되는 부분은 과거와 미래를 상상할 때 작동하는 영역인데, 결국 몽상은 어떤 상황을 직접 겪기 전에 우리를 미리 연습하게 만들어 실제 상황에서 우리가 중대한 실수를 방지할 수 있게 해주는 것이다. 결국 몽상을 많이 한 사람이 머리로만 시뮬레이션하고 정보를 많이 알고 있는 사람보다 급격한 변화에 유연하게 대처하는 것이다.

일본 교토에 가면 일본의 유명한 철학자가 매일 걸었다는 '철학자의 산책로'가 있다. 칸트도 매일 같은 시간에 산책을 하면서 자신의 사상을 풍성하게 만들었다. 이렇듯 자유롭게 몽상과 공상에 잠겨 유유히 걷는 경험(wandering)은 앉아서 공부하는 것만큼 중요한 역할을 한다. 이런 시간을 지루하다거나 시간 낭비라 여기지 않고 두뇌를 느긋하고 유연하게 스트레칭하는 시간으로 여기는 것이 중요하다. 이런 자유롭고 단순한 시간을 자주 만끽할 때 통찰력을 얻을 수 있다. 아무리 고민해도 풀리지 않던 문제도 잠시 낮잠을 자거나, 멍하게 있는 시간을 가지면서 머리를 유영시키다 보면 자연스럽게 해결책이 떠오른다.

뇌의 전전두엽, 후대상회, 내측두엽 등 인지기능을 담당하는 부위들은 평상시에는 각자 자기 일을 하느라 서로 상호작용을 하지 않는다. 그런데 공상을 하거나 멍해지는 시간을 가지면 외부에서 자극이 들어오지 않으니 자기 일을 멈추게 되고, 부하가 덜 걸리기 때문에 다른 영역과 상호작용을 할 수 있다. 다른 영역이 갖고 있는 것이 무엇이고, 최근에는 어떤 일들을 처리했는지 알아보는 것이다. 주어지는 정보를 처리할 때는 여유가 없던 뇌가 이때만큼은 평소와는 다른 데이터베이스를 탐색하면서 더 느슨한 방식의 상관관계를 찾기 시작하는데, 이때 뇌를 관찰해보면 우반구가 활성화되는 것을 확인할 수 있다. 논리적으로 판단하거나 분석해서 문제를 해결해야 할 때는 뇌의 한 부위만 사용할 수도 있지만, 그런 방식으로는 해결할 수 없는 일, 이를테면 큰 개념을 깨닫거나 이치를 알아내려면 뇌의 한 영역만 써서는 불가능하다. 다양한 영역들이 상호작용하면서 뇌 전체가 활성화되어야 가능한 일인데 이를 위해서 공상이 필요한 것이다.

공상은 기억력보다는 창의성과 관련이 높다고 알려져 있다. 하버드대학교와 토론토 대학교 신경학자들이 대학생 86명을 대상으로 집중력과 창의력의 상관관계를 알아보는 실험을 진행했다. 에어컨 소리나 칸막이 너머에서 들리는 외부 자극을 무시하고 문제에 집중하는 능력을 시험함으로써 학업능력과 생산성을 증가시키는 데 필수요소인 선택적 집중도를 측정한 것이다. 실험 결과, 자신의 이전 성과를 기준으로 보면 선택적 집중도가 낮은 학생들이 '창의력이 뛰어난 사람'으로 평가될 가능성이 7배 높았다. 쉽게 산만해지고 지능이 높은 학생일수록 선택적 집중도가 높았는데, 집중을 못한다는 것은 의식 속에서 더 풍부한 사고를 할 수 있다는 역설적인 기능이 있다는 것을 이 실험이 검증한 것이다.

뇌에게 반드시 필요한 산책과 멍 때림

공상과 멍해짐은 한편으로는 끊임없는 멀티태스킹과 너무 많은 자극으로 뇌를 쉽게 지치게 만드는 현대사회에서 뇌를 쉬게 하는 역할을 한다. 미시간대학교의 마크 베르만(Marc Berman) 교수는 사람들이 한 번은 숲을 산책하게 하고 한 번은 도심을 산책하게 했다. 50분의 산책이 끝난 후에 주의력과 학습능력을 평가했더니 숲을 산책했을 때 주의력이 좋아지고 학습능력도 증가했다. 반면 도심은 소음도 많고 볼 것도 많아서 산책을 할 때도 많은 정보가 들어왔다. 결국 뇌는 제대로 쉬지 못했고 효율성 또한 떨어졌다.

그러므로 쉴 때는 외부 자극을 최소화하는 것이 좋다. 흔히 SNS를 하거나 텔레비전을 보는 것도 쉬는 것이라 생각하지만 사실 뇌의 관점에서 보면 진정한 휴식이라 하기 어렵다. 차라리 살짝 낮잠을 자거나 조는 것, 익숙한 음악을 듣는 것이 뇌가 쉬는 데에는 도움이 된다. 평소 쉽게 멍해지고 공상에 잘 빠지는 아이들이 뇌를 더 효율적으로 활용하고 있다고 볼 수도 있다. 이런 아이들이 절대적인 공부 시간은 적을지 몰라도, 학업성취도는 더 나은 경우가 많다.

　모든 사람들이 같은 것을 보지만 혼자 다르게 생각할 때 새로운 것을 발견할 수 있다. 단기간에 많이 외우고, 효율적으로 문제를 푸는 것만 학습이 아니다. 산만함과 멍해지는 정도가 일상생활과 학업에 지장을 줄 정도라면 문제가 될 수 있지만 이런 경우는 지극히 드물다. 이런 자질을 무조건 해결해야 할 단점이나 결함으로 보기보다, 아이의 특성과 개성으로 받아들이려는 부모의 열린 마음이 필요하다. 사람은 결코 단순하지 않아서 심리적 특성 또한 스펙트럼의 이쪽 끝에서 저쪽 끝까지 아주 넓게 펼쳐져 있다. 정신없이 빠르게 변화하는 현대사회에서는 산만하고, 빈둥거리기 좋아하고, 공상에 빠지기 쉬운 아이가 부모의 속을 태우는 경우가 많다. 하지만 이러한 기질에 좋은 면도 있다는 점을 알고, 이러한 특성을 좀 더 관대한 마음으로 바라보려고 노력하자. 시대가 변할수록 세상은 다양한 기질을 갖춘 인재를 찾기 마련이고, 그땐 단순히 분석과 암기를 잘하는 전형적인 공부기계로 훈련된 아이보다 엉뚱하고 기발한 생각을 잘하는 아이가 주목받을 것이다.

　세상에 잘난 아이, 못난 아이는 없다. 그렇게 분류하는 것 또한 옳

엄마의 빈틈이 아이를 키운다

지 않다. 모든 아이들은 자신만의 장점을 타고나며, 그 장점은 세상 어디에서든 빛을 내기 마련이다. 문제는 모든 아이들이 획일적이고 단편적인 한 가지 목표를 향해 달려가기를 요구하는 우리 사회에 있다. 역발상이 난관의 돌파구가 될 때도 많다. 그러니 약간의 산만함은 병이 아닌 아이의 타고난 기질이라 여기고 격려해주자.

괜찮다,
다 잘하고 있다

"정말 괜찮을까요? 그래도 솔직히 너무 걱정이 돼서요."

한 부모와 아이 문제로 상담을 하던 중, 지금까지 이 책에서 소개한 내용을 모두 들려주었다. 잠자코 듣고 있던 부모는 내 설명에 어느 정도 수긍을 하고 나서 이렇게 되물었다.

"선생님, 그래도 정말 이렇게 놔둬도 될까요? 확신하세요? 책임지실 수 있어요?"

지금의 교육 현실에 뭔가 특단의 조치를 내리지 않으면 안 된다는 사실, 계속 지금처럼 흘러가게 내버려두는 것은 분명 아이에게도,

부모에게도 좋지 않다는 사실을 모두가 알고 있다. 하지만 그렇다고 이 대열에서 물러났다간 자칫 내 아이만 손해를 볼지도 모른다는 두려움 때문에 누구도 선뜻 판단을 내리지 못하고 있다. 이런 현상은 교육 문제에서만 나타나는 것이 아니다. 부동산, 취업 등 우리 사회의 총체적 문제가 적나라하게 드러나는 곳일수록 공통적으로 보이는 현상이다. 생존에 대한 불안과 뒤처짐에 대한 두려움으로 사회 구성원 전체가 광기에 가까운 집착을 보이기 때문이다. 이제 그 끝이 보인다. 부모와 아이 모두를 위해서, 이제야말로 현명하게 판단하고 행동할 필요가 있다.

아이의 미래를 책임지겠다는 말만큼 위험한 말은 없다. 부모는 아이의 미래를 책임질 수 없고, 책임져서도 안 된다. 전혀 예측할 수 없는 아이의 미래를 그려보고 그 궤적을 자신의 그림과 맞추기 위해 애쓰느라, 정작 부모 자신의 인생을 살아갈 여력은 남지 않기 때문이다. 아이 역시 지금 필요한 중요한 일들은 하지 못한 채 먼 미래만을 위해 현재를 희생하며 살다 보면, 무엇 하나 스스로 결정하고 판단하지 못하는 '어른 아이'로 자라게 된다.

완벽한 부모에 대한 환상은 이렇게 부모의 삶을 갉아먹고, 아이를 괴물로 만든다. 완벽한 부모는 없다. 좋은 부모가 있을 뿐이다. 부모는 몸도, 마음도 건강해야 한다. 마음이 건강하다는 것은 자신이 완벽하지 않다는 점을 인정하는 것뿐 아니라, 완벽하게 살아야 할 필요가 없다는 사실을 깨닫는 것이다. 인간이라면 누구나 약간의 결함을 갖고 있는 것이 당연하다. 살짝 긁힌 자국이 있다고 해서 그 물건의 가치가 없어지지 않는다. 오히려 이도 약간 빠지고 긁힌 자국도 있는 물건이 한 번도 사용하지 않은 새 물건보다 훨씬 고급스럽고 가치도 높다. 인생의 풍파가 느껴지는 사람에게서 묻어나는 성숙함이 필요하다. 손에 물 한 방울 묻히지 않고 고생한 티도 전혀 나지 않는, 나이보다 훨씬 어려 보이는 사람을 본 적 있는가? 나는 그런 사람이 별로 부럽지 않다. 운이 엄청나게 좋거나 매우 좋은 환경에서 살아온 덕분일 텐데, 그런 삶이 그 사람의 일생에 과연 바람직한 것일까를 생각해보면 '글쎄'라고 말할 수밖에 없다. 나는 그런 사람보다, 우리가 살면서 맞닥뜨리는 인생의 풍파와 상처들을 트라우마가 아닌 삶의 역경으로 받아들이는 씩씩한 사람들이 훨씬 좋다. 그리고 그게 좋은 사람이 되는 방법이라 생각한다.

아이를 키우는 일은 참 어렵다. 여러 번 반복하면 익숙해지겠지만, 많아봐야 두세 번이 전부라 쉬워질 수가 없다. 파란 선이냐 빨간 선이냐에 따라 생사가 갈리는 폭탄을 해체할 때처럼 심장을 졸이는 일도 한두 번이 아니다. 그래도 이왕이면 더 잘 키우고 싶으니, 불안한 것보다 차라리 몸이 피곤한 게 낫다고 여기면서 더 노력한다. 그러다 보니 부모도 아이도 끝없이 지쳐갈 뿐이다.

이제는 부모부터 마음을 바꿨으면 한다. 내가 불안하지 않아야 아이도 불안하지 않고, 자신의 불안을 통제할 수 있어야 성숙한 어른이 될 수 있다. 불안이 통제되지 않으면 불확실한 미래도 비현실적으로 낙관하면서 필요 이상으로 기대를 하고 투자하게 된다.

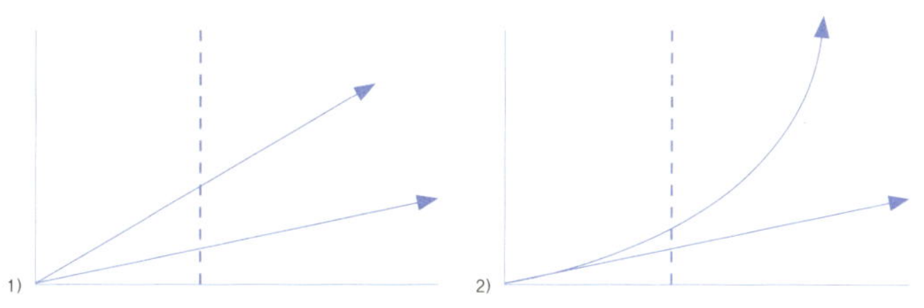

아이가 기대에 미치지 못할 때 부모들은 2)의 발전을 기대한다. 언젠가 아이의 재능이 폭발해 치고 올라올 거라 기대하면서 계속 투자를 한다. 그러나 현실은 1)과 같이 움직인다. 어릴 때에는 금방 따라잡을 수 있을 것 같은 작은 차이로 보이지만 시간이 지날수록 격차가 벌어진다. 물론 사람에 따라 2)의 궤적을 그리는 경우도 있지만, 대부분의 사람들은 1)의 패턴을 보인다. 하지만 실수해서는 안 되고,

오랫동안 내신 성적을 잘 관리해야 좋은 대학에 들어갈 수 있는 우리의 교육 환경에서는 필요 이상으로 2)를 기대하기보다 지금의 위치를 빨리 받아들이고, 현실적인 계획을 수립하는 것이 현명하다. 이것은 냉정한 말이 아니다. 쓸데없는 불안을 잠재우기 위해서는 현재 아이의 수준을 객관적으로 평가하고, 근거 없는 낙관주의와 기대에 사로잡혀 불가능한 목표를 고집하면서 아이를 바꾸려고 애쓰는 노력을 포기하는 것부터 시작해야 한다.

'뭘 해줄까' 대신 해주고 싶은 욕구를 참아야

너무 당연한 말이지만, 당연하기 때문에 진리다. 자꾸 아이를 변화시키겠다며 새로운 학원, 새로운 학습법을 찾아 헤매지 마라. 초등학교 저학년까지는 부모가 해줄 수 있는 것이 많아서, 부모가 잘 관리하는 아이와 그렇지 않은 아이는 눈으로 봐도 차이가 느껴진다. 그러나 아이가 어느 정도 성장하고 나면 그 이후로는 자신의 재능을 기반으로 본인이 스스로 알아서 하고자 하는 면이 굉장히 많아진다. 이때부터 부모는 아이가 본연의 힘으로 스스로 일어설 수 있게 한 발 물러나 기다려주어야 한다. '뭘 해줄까'를 고민하는 것보다 '해주고 싶은 욕구를 억제하기'가 더 중요한 역할이 되어야 한다. 아이가 아이답지 않은 행동을 하는 큰 원인 중 하나는, 부모 마음속에 있는 아이(inner child) 때문이다. 부모의 삶에서 이 내면 아이가 차지하는 비중이 너무 크다 보니, 내면 아이의 욕망과 바람을 자신의 아이가 대신 실현해주기를 바라는 것이다. 하지만 자신이 이루지 못했던 소망을 아이가 대신 채워주기를 바라는 것은 아이와 부모 모두 불행해지는 지름길이다.

그러니 내가 원하는 방향으로 아이를 변화시키려고 애쓰기보다, 지금 내 아이와 좋은 관계를 맺기 위해 노력하자. 아이가 어떤 삶을 살아도 부모와 좋은 관계를 맺는 법을 건강하게 익힐 수 있다면, 아이가 커서 사회생활을 할 때 가장 중요한 밑바탕이 되어줄 것이다. 또한 인간과 사회에 대해 기본적으로 신뢰하고 긍정적으로 바라보는 시각을 가질 수 있을 것이다.

아이에게 가장 필요한 부모는 아이를 필요로 하지 않는 부모
지금 이 책을 읽고 있는 부모라면 이미 지금까지도 충분히 잘했을 거라고 생각한다. 모두 기본 이상은 하고 있는 사람들이기 때문이다. 도서관에서 책을 많이 대출하는 사람들이 평소에도 책을 많이 사서 읽듯이, 여러분은 어떤 부모들보다 많은 고민을 하고, 좋은 길을 찾고, 더 나은 사람이 되기 위해 노력하는 사람들이다. 그걸 인정하고 자랑스럽게 여기길 바란다. 자책하지 말자. 그 누구도 완벽한 사람은 없다. 남의 눈치 보지 말고, 비교하지 말고, 당당해지자. 늘 아이 앞에서 죄인이 된 것 같다고 여기는 사람들이 있는데, 그래서는 안 된다. 설령 아이가 잘못되는 일이 벌어진다 해도 그것은 결코 부모의 책임이 아니다. 아무리 안전운전을 해도 중앙선을 넘어오는 차는 피할 수 없듯이, 살다 보면 어쩔 수 없이 받아들여야 하는 일들이 생기게 마련이다. 이때 산산이 부서지지만 않으면 된다. 엄청나게 고통스러운 사건이 내 삶을 산산조각 낼지도 모른다는 불안은 인간이 갖고 있는 가장 근본적인 공포다. 하지만 큰 고난이 우리를 덮친다 해도, 평소 최선을 다해 성실하게 살아온 평균적인 사람이라면 어딘가 긁히거나 패일 뿐, 산산조각나지는 않는다. 담이 무너지듯 무너질 순 있지만 완전히 가루가 되어버린 것이 아니니, 다시 조립해서 쌓아올리면 된다. 근본은 절대 다치지 않으니 안심해도 된다. 이런 긍정적인 태도를 가지고, 내 주변에서 일어나는 일들을 현실적이고 객관적으로 인식하면서 균형 잡힌 태도를 갖는 것이 부모가 아이를 키우면서 진짜 어른으로 성장해 나가는 길이다.

부모가 아이를 키우지만, 아이만 자라는 것이 아니라 부모도 함께 성숙한다. 나도 아이와 함께 자랐던 것 같다. 아이는 아이답게, 어른은 어른답게. 이 간단한 원칙을 지킬 수 있을 때, 그리고 각자 자신의 삶에 충실하면서 더 많은 즐거움을 느낄 수 있을 때 부모와 아이 모두 더 나은 삶을 살고 있다고 자부할 수 있다. 렁켈은 '아이에게 가장 필요한 부모는 아이를 필요로 하지 않는 부모'라고 했다. 아이의 인생에 집착하기보다 자신의 인생을 즐겁게 사는 부모는 아이를 방치하는 것이 아니라, 그런 자신의 모습을 보면서 인생을 배우게 한다. 그리고 함께 자란다. 놓을 줄 알 때, 책임져야 한다는 강박에서 벗어날 때 많은 불안이 사라진다. 세심히 지켜보고, 응원하고, 필요할 때 돕는 것만으로도 부모의 역할을 충분히 하는 것이다.

이제 아이에 대한 걱정과 불안은 접어두자. 대신 놓치고 있었던 자신의 삶에 집중하려고 노력하자. 살아 있다는 느낌을 온전히 느껴보는 것, 무엇이 됐든 온전히 나만을 위한 시간을 보낼 수 있는 뭔가를 마련하는 것이 중요하다. 무엇이 됐든 몰입해보아야 한다. 한번쯤은 최대한 '이기적'으로 자신에게 몰두해보는 것은 어떨까. 부모가 자신의 삶에 만족할수록 아이들도 긴장을 풀고, 하루하루 만족하며 살아가는 부모를 보면서 자신의 인생을 알차게 꾸려나갈 고민을 한다. 자꾸 뭔가를 더 해주려고 애쓰지 말자. 아이들은 괜찮다. 그리고 여러분은 잘하고 있다. 매일 몇 번씩 되뇌길 바란다. 여러분은 모두 괜찮은 사람들이다. 그리고 잘하고 있다.

그렇다. 우리는 잘하고 있다.

엄마의 빈틈이 아이를 키운다

첫판 1쇄 펴낸날 2014년 2월 24일
　　　 8쇄 펴낸날 2021년 5월 20일

지은이 하지현
발행인 김혜경
편집인 김수진
편집기획 김교석 조한나 이지은 유예림 유승연 임지원
디자인 한승연 한은혜
경영지원국 안정숙
마케팅 문창운 박소현
회계 임옥희 양여진 김주연

펴낸곳 (주)도서출판 푸른숲
출판등록 2003년 12월 17일 제 406-2003-000032호
주소 경기도 파주시 회동길 57-9, 우편번호 10881
전화 031)955-1400(마케팅부), 031)955-1410(편집부)
팩스 031)955-1406(마케팅부), 031)955-1424(편집부)
홈페이지 www.prunsoop.co.kr
페이스북 www.facebook.com/prunsoop　　인스타그램 @prunsoop

ⓒ하지현, 2014
ISBN 979-11-5675-501-2(13590)